中等职业教育
改革创新
系列教材

短视频制作

全彩慕课版

U0300284

刘映春 曹振华

主编

梁玲 谭敏诗
尹铖

副主编

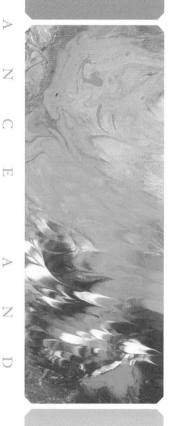

人民邮电出版社
北 京

F I N A N C E   A N D   T R A D E

图书在版编目（CIP）数据

短视频制作：全彩慕课版 / 刘映春，曹振华主编
. — 北京：人民邮电出版社，2022.5（2024.3重印）
中等职业教育改革创新系列教材
ISBN 978-7-115-58868-5

Ⅰ. ①短… Ⅱ. ①刘… ②曹… Ⅲ. ①视频制作—中
等专业学校—教材 Ⅳ. ①TN948.4

中国版本图书馆CIP数据核字(2022)第043590号

内 容 提 要

本书依据教育部印发的《关于全面推进素质教育、深化中等职业教育教学改革的意见》和国务院印发的《国家职业教育改革实施方案》的要求，针对中等职业学校学生的培养目标，按照短视频制作相关工作内容，系统地介绍了短视频制作的各方面知识，包括认识短视频、探寻短视频制作流程、制作 Vlog 短视频、制作美食短视频、制作生活技能短视频、制作情景短视频、制作宠物短视频等。本书知识全面、案例丰富，将短视频制作理论与实践紧密结合；融入价值教育，落实"立德树人"根本任务；设置特色小栏目，增强可读性、趣味性；同时配有视频讲解，有助于培养学生短视频策划、拍摄、剪辑和发布等方面的能力。

本书不仅可以作为中等职业学校电子商务、网络营销、市场营销等专业短视频制作相关课程的教材，也可以作为从事短视频制作相关工作人员的参考书。

◆ 主　　编　刘映春　曹振华
　　副主编　梁　玲　谭敏诗　尹　铖
　　责任编辑　白　雨
　　责任印制　王　郁　彭志环

◆ 人民邮电出版社出版发行　北京市丰台区成寿寺路 11 号
　　邮编　100164　电子邮件　315@ptpress.com.cn
　　网址　https://www.ptpress.com.cn
　　涿州市殷润文化传播有限公司印刷

◆ 开本：700×1000　1/16
　　印张：11.75　　　　　　　　2022 年 5 月第 1 版
　　字数：254 千字　　　　　　2024 年 3 月河北第 6 次印刷

定价：49.80 元

读者服务热线：(010)81055256　印装质量热线：(010)81055316
反盗版热线：(010)81055315
广告经营许可证：京东市监广登字 20170147 号

前　言

　　职业教育是国民教育体系和人力资源开发的重要组成部分，肩负着培养多样化人才、传承技术技能、促进就业创业的重要职责。随着我国市场经济的迅速发展，国家对技能型人才的需求越来越大，这推动着中等职业教育（以下简称"中职教育"）一步步改革。

　　2021年3月，教育部办公厅发布的《教育部办公厅关于做好2021年中等职业学校招生工作的通知》中明确指出，坚持把发展中职教育作为普及高中阶段教育和建设中国特色现代职业教育体系的重要基础。

　　短视频作为重要的营销方式广泛应用于网络营销、新媒体营销中，中等职业学校普遍开设了"短视频制作"课程。本书立足中等职业教育教学需求，结合岗位技能要求，采用理论和实训相结合的形式，介绍短视频制作的相关知识。本书具有以下特点。

1. 内容丰富，剪辑软件多样化

　　本书首先介绍了短视频的相关基础知识；然后讲解了短视频制作的整个流程；接着精选了Vlog、美食类、生活技能类、情景类和宠物类等热门短视频类型，详细介绍了短视频的策划、拍摄、剪辑和发布等操作，分别介绍了VUE Vlog App、Adobe Premiere Pro CC 2019（以下简称Premiere）、剪映App、快影App、快剪辑App等多种剪辑软件的操作方法，让读者能够全面掌握短视频的制作方法并学以致用。

2. 情境带入，生动有趣

　　本书以人物角色"小艾"加入一个短视频制作公司为背景，通过小艾在公司的各种经历，生动地引出了各个学习重点。该角色贯穿短视频制作的各个环节，让读者可以在学习短视频制作的同时感同身受，提高学习效率、巩固学习效果。

3. 图示直观，易于阅读

为了降低读者的学习难度，增强其学习兴趣，本书使用了大量生动且形象的图片。本书对一些难以理解的理论知识进行了图示化处理，通过真实的图片展现了案例场景和效果，使读者阅读起来比较轻松。

4. 栏目新颖，实用性强

本书设置"经验之谈""素养提升小课堂""知识窗""同步实训""项目小结"等栏目，融入价值教育，注重培养读者的思考能力和动手能力，努力做到"学思用贯通"与"知信行统一"相融合。同时，本书引领读者从党的二十大精神中汲取砥砺奋进力量，并学以致用，从理论联系实际，推进短视频行业高质量发展。

5. 配套资源丰富

本书提供大量素材文件与效果文件、精美PPT课件、课程标准、电子教案等教学资源，读者可以登录人邮教育社区（www. ryjiaoyu.com）下载并获取相关资源。

本书配套精品慕课视频，读者扫描右侧二维码进入"人邮学院"即可观看慕课视频。同时，本书配有二维码，读者用手机扫描书中的二维码，即可观看操作步骤的微课视频。

慕课视频

人邮学院

本书由广东省财经职业技术学校刘映春、河南省理工中等专业学校曹振华担任主编，河南省商务中等职业学校梁玲、广东省财经职业技术学校谭敏诗、尹铖担任副主编，广东省财经职业技学校黄嘉欣、李勇、黄添娣及河南省商务中等职业学校金旗也参与了本书的编写工作。由于编者水平有限，书中难免存在不足之处，敬请广大读者批评指正。

编 者

2023年1月

CONTENTS

目　录

项目六　制作情景短视频……………119

项目七　制作宠物短视频……………151

项目一 认识短视频

1

出于对短视频的喜爱，小艾加入了一家负责短视频策划、拍摄和制作的公司。小艾虽然能够制作一些短视频，但进入公司后，她发现自己目前掌握的技能有限。公司正打算借着这次机会，统一对新员工进行培训，希望他们能尽快上手，具备独立完成短视频策划、拍摄、剪辑、发布等工作的能力。小艾决定借这次培训的机会要系统地学习短视频的知识。

知识目标

● 了解短视频的发展历程。
● 了解短视频的基本概念和变现方法。

技能目标

● 能归纳不同的热门短视频类型的特点。
● 能分辨不同短视频平台的优势。

素养目标

● 正确看待短视频，不盲目崇拜网络"达人"，杜绝"拜金主义""享乐主义"等错误的价值观。
● 遵守短视频平台的规则，不发布损害国家和人民利益、影响社会和谐的短视频。

任务一 | 了解短视频

任务描述

全面了解短视频的发展历程，深入理解短视频的概念，对新员工了解短视频及学会短视频策划、拍摄和制作都有重要意义。公司这次培训将首先介绍这些内容，再对热门的短视频类型和相关平台进行讲解。小艾想要系统地学习短视频的知识，因此她早早就到了会议室，拿出纸笔准备学习。

任务实施

➡ 活动1 探寻短视频的发展历程

目前，人们使用短视频的主要目的是记录和分享生活、碎片化学习及吸引流量。然而，短视频发展初期，其主要作用与现在大相径庭。探寻短视频的发展历程，有助于小艾更好地掌握短视频的发展趋势，找到短视频的需求热点。

第一阶段 萌芽时期

短视频的萌芽时期通常被认为是2013年以前，特别是2011—2012年。这一时期最具代表性的事件是GIF快手（快手前身）的诞生。在这一时期，短视频用户群体较小，用户喜欢的内容往往来自影视剧的二次加工和创作，或者截取自影视综艺类节目中的片段。

在短视频萌芽时期，人们开始意识到网络的分享特质以及短视频制作门槛并不高，这为日后短视频的发展奠定了基础。

第二阶段 探索时期

短视频的探索时期是2013—2015年，以美拍、腾讯微视、秒拍和小咖秀为代表的短视频平台逐渐进入公众的视野，被广大网络用户接受。图1-1所示为美拍、腾讯微视、秒拍等短视频平台的图标。

美拍

腾讯微视

秒拍

图1-1

在这一时期，第四代移动通信技术（简称"4G"）开始投入商业应用，一大批专业影视制作者加入短视频创作者的行列，这些因素推动了短视频行业的发展。短视频行业出现了一大批优秀的作品，吸引了大量新用户。同时，短视频在技术、硬件和创作者的支持下，已经被广大网络用户熟悉，并表现出极强的社交性和移动性特征，优秀的内容提高了短视频在互联网内容形式中的地位。

第三阶段 爆发时期

短视频的爆发时期是2016—2017年，以抖音、西瓜视频和火山小视频（现为抖音火山版）为代表的短视频平台都在这一时期上线。在这一时期，短视频行业百花齐放，众多互联网公司也受短视频市场巨大的发展空间和红利吸引，加速在短视频领域进行布局。各短视频平台也投入大量资金来支持内容创作，从源头上激发创作者的热情。大量的资金不断地涌入短视频行业，为短视频的发展奠定了坚实的经济基础。

在这一时期，短视频行业呈爆发式增长。短视频平台和创作者的数量都迅速增加，这使短视频得到了更好的传播和分享，短视频的作品数量也大幅度增加。大量的短视频作品吸引更多用户使用短视频平台和更多创作者加入短视频行业，从而推动短视频行业良性发展。

第四阶段 成熟时期

从2018年至今属于短视频的成熟时期，随着"互联网+"和5G技术的应用，短视频发展得更加完善。这一时期的短视频出现了搞笑、音乐舞蹈、宠物、美食、旅游、游戏

短视频垂直细分领域（部分）

美食	军事	新闻资讯
影音剧评	生活方式	娱乐八卦
搞笑	游戏	音乐舞蹈
旅游	科技数码	美妆穿搭
运动健身	文化科普	母婴育儿
财经金融	汽车	宠物

图1-2

等垂直细分领域，如图1-2所示。另外，短视频行业也呈现"两超多强"（抖音、快手两大短视频平台占据大量市场份额，其他多个短视频平台占据少量市场份额）的态势。同时，各大短视频平台也在积极探索短视频的商业盈利模式，并开发出多种短视频变现的方式。另外，这一时期的短视频行业在各种政策和法规的规范下，开始正规化发展。

➡ 活动2 明确短视频的基本概念

什么是短视频？为什么短视频这么火爆？它到底有什么特点？小艾带着这些问题开始学习短视频的基本概念，她将相关学习过程分为3个步骤。

第一步 弄清短视频的概念

艾瑞咨询发布的《2016年中国短视频行业发展研究报告》中指出，短视频是视频长度以秒计数，一般在5分钟以内，主要依托于移动智能终端实现快速拍摄和美化编辑，并可以在社交媒体平台上实时分享和无缝对接的一种新型视频形式。

简单来说，短视频就是指在互联网社交媒体平台上进行传播的、时长在5分钟以内的视频短片。这类短片可以在各种各样的社交媒体平台上播放，适合用户使用碎片化时间观看，具有较高的推送频次和相对较短的时长。

✏ 经验之谈

快手基于人工智能系统对用户行为进行统计，将"57秒，竖屏"定义为短视频行业的标准；抖音曾经规定短视频时长不超过15秒，但后来将短视频的时长限制放宽到了15分钟。因此，到目前为止并没有统一的短视频的时长标准，一般几秒到十几分钟的视频都可以视为短视频。

第二步 了解短视频的特点

《2021中国网络视听发展研究报告》显示，在所有网络视听领域中，短视频领域的市场规模占比最大，达34.1%，市场价值高达2 051.3亿元，同比增长57.5%；短视频的用户使用率最高，达88.3%，用户规模达8.73亿人；20.4%的人第一次触网使用的网络视听应用是短视频。为什么短视频这么火爆呢？因为短视频具有"短""低""快""强"等特点，完美契合现代社会的节奏，如图1-3所示。

 内容时长短，有助于用户利用碎片化时间观看

 制作成本和门槛低，新手也可以快速完成短视频的拍摄、剪辑和发布等操作

 内容节奏和传播速度快，适合移动互联网的使用环境

 参与性强，创作者可以是观看者，观看者也可以成为创作者

图1-3

第三步 清楚短视频的优势

短视频可以满足移动时代碎片化的信息需求，具备极强的互动性，具有强大的社交属性和极强的营销能力，这些优势是短视频不断发展壮大的关键。

（1）满足移动时代碎片化的信息需求

短视频迎合了当下用户的生活方式和思维方式。用户可以利用手机、便携式计算机等移动设备在零碎、分散的时间中接收内容信息。同时，短视频时长较短、传递的内容简单直观，用户不需要进行太多思考就能轻松理解。

（2）具备极强的互动性

短视频的创作者可以借助各种App轻松完成短视频的拍摄、剪辑、发布等操作，用户也可以对短视频进行点赞、评论、转发、收藏等操作。创作者与用户之间可以进行良好互动。

（3）具有强大的社交属性

移动社交是目前常见的社交方式，短视频则与移动社交完美契合。无论是创作者还是用户，都愿意利用更加直观、丰富、生动、形象的短视频进行社交。短视频强大的社交属性让各大社交平台也纷纷开辟短视频板块，如微博的"视频"专区，以及微信推出的"视频号"，如图1-4所示。

图1-4（a）

图1-4（b）

（4）具有极强的营销能力

当前，短视频吸引了越来越多的用户，聚集了巨大的流量，因此政府部门、商家和个人都会借助短视频来对商品或服务进行营销，通常能够取得不错的效果。

➡ 活动3　掌握短视频的变现方法

短视频的风靡催生了一大批网络"达人"（网络方面的专家或高手）。网络"达人"制作的短视频不仅有极高的关注度，而且能为自身带来不菲的收益。

此外，小艾还了解到，利用短视频获取收益并不是网络"达人"的特权，只要能够在短视频平台上积累一定的粉丝，个人用户也可以利用短视频获取相应的收益，这就是所谓的短视频变现。目前，常见的短视频变现方式有以下4种。

第一种 平台补贴分成

短视频平台为了鼓励创作者，会推出一些平台补贴与分成计划，提供一定金额的补贴，只要创作者加入该计划，且短视频达到相关的要求，创作者就可以分得相应的补贴。如西瓜视频、抖音、今日头条联合推出的"中视频伙伴计划"（见图1-5）就是一种平台补贴分成计划，只要创作者发布3篇1分钟以上的原创横屏视频，并累计获得1.7万次播放量，就可以获得平台的补贴。

第二种 广告赞助

短视频账号积累了大量粉丝后，创作者可以与商家合作，创作者可以在创作的短视频中植入商家的商品广告，帮助商家销售商品，同时赚取相应的广告费。

第三种 用户"打赏"

用户"打赏"是指用户在观看短视频时，主动通过投币、赠送道具等方式给创作者一定的奖励，以激励创作者继续创作出更加精彩的作品。这些虚拟币或道具可以按照相应平台的规定，以一定比例兑换为人民币，创作者就可以获得相应的收益。

图1-5

第四种 电商销售

电商销售是指商家或个人以短视频为媒介，向用户推广和销售自己的商品，从而获取销售额。

目前短视频越来越火热，许多商家都愿意利用短视频来销售商品。很多平台开发了专门的短视频电商销售功能，供有销售需求的商家或个人使用。

🌱 素养提升小课堂

短视频催生了许多网络"达人"，他们拥有大量粉丝，给人们"名利双收"的印象。我们应该正确看待这种现象，不盲目崇拜，不形成贪图享乐、妄想不劳而获的错误思想，应该学习他们认真钻研短视频技术、精益求精的工匠精神、坚持不懈地创作优质短视频的优点。

任务二 认识短视频类型和平台

任务描述

认识不同的短视频类型和短视频平台，对短视频的后期策划和制作非常重要。不同的短视频平台上聚集着不同喜好的用户群体，这些用户群体喜欢的短视频类型是不同的。假如A平台的热门短视频类型是美食，B平台的热门短视频类型是数码，如果将美食短视频发布到B平台，将数码短视频发布到A平台，就不会取得好的效果。为此，小艾认为有必要认真了解各种热门的短视频类型和平台。

任务实施

活动1　了解热门的短视频类型

短视频的类型多种多样，涉及生活、学习和工作的多个方面。小艾挑选了几种较为热门的短视频类型进行了解，希望能找出这些短视频类型的特点。

第一类 Vlog短视频

Vlog 全称为"Video Blog"，中文含义为"视频博客"，是指用视频记录个人生活的短视频形式。

目前短视频平台上存在各种Vlog，Vlog包括旅游、工作、学习、心情等不同的主题。很多用户在初次尝试短视频制作时，都会选择Vlog。

短视频在互联网上的传播过程可以概括为3个阶段，分别是触达、认知和认同，即短视频能够被用户看到，看到的用户愿意继续看下去，继续看下去的用户能认同短视频传达的观点。优秀的Vlog可以轻松达到这3个阶段的要求，因为其具有以下几种特点，如图1-6所示。

01 分享而非说教
优秀的Vlog应该与用户分享所见所闻，而非一味地说教、灌输各种心灵鸡汤

02 真实而非加工
优秀的Vlog应该传播真实的故事，并且Vlog的画面应该让用户感觉自然、舒服

03 有趣或者有情怀
优秀的Vlog的内容应该有趣或者有情怀

图1-6

第二类 美食短视频

"民以食为天"，美食永远都是人们愿意探讨的一个话题，美食也一直都是短视频的热门类型。

无论是吸引人的美食展示，还是实用性很强的美食教学，各种美食短视频都深受用户的喜爱。图1-7所示为目前主要的美食短视频类型。

第三类 生活技能短视频

生活技能短视频是目前较热门的短视频类型，主要涉及与衣食住行等相关的生活技能。这些技能都很实用，能够让用户更好地应对生活难题、享受生活。因此，生活技能短视频也备受用户青睐。

美食教学　　　　美食探店

美食推荐

美食创意　　　　美食故事

图1-7

经验之谈

优秀的生活技能短视频介绍的技能通常是简单易学、操作性强的。如果短视频创作者使用夸张的动作来博取眼球，短视频介绍的技能不实用，短视频就不会得到用户的认可。

第四类 情景短视频

说到情景短视频，人们首先想到的就是各种搞笑的段子。其实，情景短视频的细分类别很多，只要是通过演绎来表现故事内容的短视频都可以归类为情景短视频。

相比于前面介绍的几类短视频，制作情景短视频往往需要组建团队，由团队成员分工合作进行制作，如有的成员负责演绎，有的成员负责拍摄，有的成员负责安排服装道具，有的成员负责布光等。

第五类 宠物短视频

宠物短视频凭借可爱的宠物，吸引了

很多用户的关注，逐渐成为短视频的一个热门类型。在宠物短视频中植入宠物粮食等周边商品的广告，能取得不错的销售成果。

经验之谈

网络热度的变化很快，无论哪种短视频类型成了热门，读者只要学会了制作上述几种类型短视频，其他各种类型的短视频制作都可以触类旁通。

➡ 活动2　了解热门的短视频平台

不同的短视频平台有不同的规则和用户群体。小艾准备依次了解各个热门短视频平台。

第一个 抖音

抖音是一款音乐创意短视频社交软件，是目前非常热门的短视频平台。抖音的定位是"年轻、潮流"，利用先进的算法给用户推送热门的短视频内容。同时，抖音拥有巨大的流量，越来越多商家愿意利用抖音进行商品营销。图1-8所示为抖音的短视频界面。

图1-8

✎ 经验之谈

抖音是北京字节跳动网络技术有限公司（以下简称"字节跳动"）旗下的软件，因此在抖音上制作的短视频，可以同时发布到西瓜视频、今日头条等字节跳动旗下的其他社交平台上。

第二个　快手

快手最初是一款用来制作和分享GIF图片的应用软件，后来才逐渐转型为短视频社区，成为供用户记录和分享各种短视频的平台。相较于抖音，快手更强调多元化、平民化和去中心化，拥有大量三、四线及以下城市和农村地区的用户。图1-9所示为快手的短视频界面。

图1-9

第三个　哔哩哔哩

早期的哔哩哔哩是一个创作和分享动画、漫画、游戏内容的视频网站，经过多年的发展，已经慢慢发展成了一个优质内容的生产平台，其中自然也包括短视频内容。用户可以在该平台上发布各种短视频，图1-10所示为哔哩哔哩的短视频界面。

图1-10

第四个　小红书

小红书是一个生活方式分享平台。小红书最初注重分享跨境购物经验，后来慢慢拓展到运动、旅游、家居、宠物、穿搭、美食等领域的信息分享，尤其受到女性用户的喜爱。图1-11所示为小红书的短视频界面。

创作平台，用户可以在此平台上发布长度不超过1分钟的短视频。图1-12所示为微信视频号的界面。

图1-11

第五个 微信视频号

不同于微信的订阅号、服务号，微信视频号是一个以短视频为主的内容记录与

图1-12

同步实训——熟悉抖音平台相关规则

在手机上下载抖音App并注册和登录抖音账号，然后选择右下角的"我"选项，点击界面右上角的"更多"按钮，在打开的界面中选择"创作者服务中心"选项，在打开的界面中点击"学习中心"按钮，打开"抖音创作者学习中心"界面，在导航栏中点击"平台规则"选项卡，在打开的界面中查看抖音平台的相关规则（在"全部课程"下拉列表中可选择需要了解的规则类型），如图1-13所示。了解完平台规则后点击左上角的按钮，在打开的界面中点击"全民任务"按钮，进入任务列表界面，查看抖音上正在开展的任务，点击某个任务后，可详细了解该任务的规则，如图1-14所示。

图1-13

2. @指定账号"■■■官方旗舰店，■■■■■■官方旗舰店"
3. 若未成年人出镜需有成年人陪同
4. 未成年人不得以自己的名义或形象对商品和服务进行推荐和证明

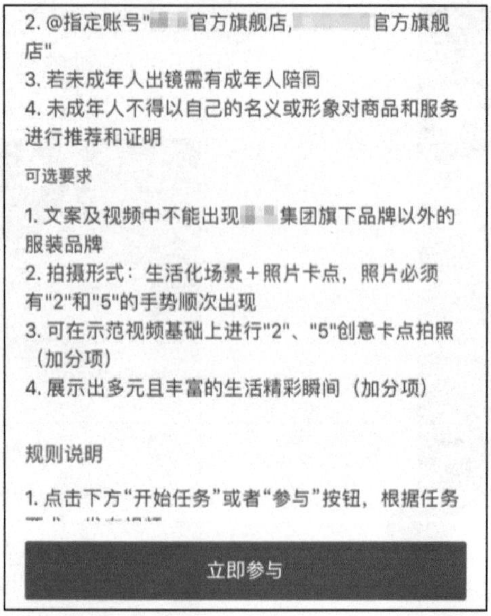

可选要求

1. 文案及视频中不能出现■■集团旗下品牌以外的服装品牌
2. 拍摄形式：生活化场景＋照片卡点，照片必须有"2"和"5"的手势顺次出现
3. 可在示范视频基础上进行"2"、"5"创意卡点拍照（加分项）
4. 展示出多元且丰富的生活精彩瞬间（加分项）

规则说明

1. 点击下方"开始任务"或者"参与"按钮，根据任务

立即参与

图1-14

项目小结

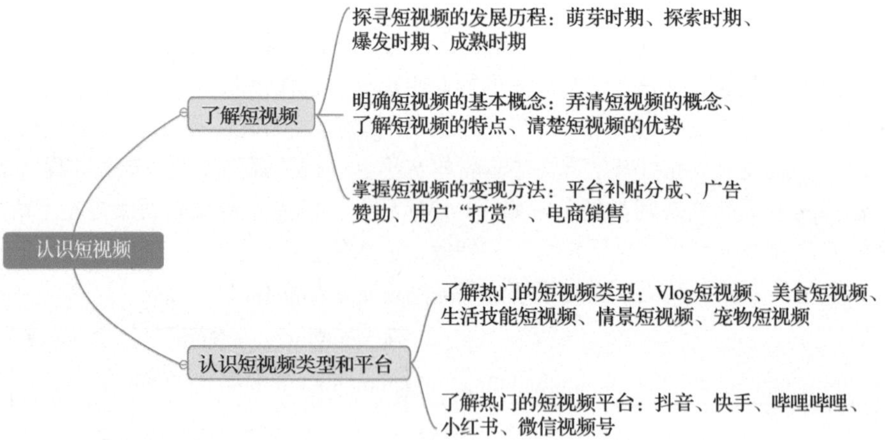

探寻短视频的发展历程：萌芽时期、探索时期、爆发时期、成熟时期

了解短视频

明确短视频的基本概念：弄清短视频的概念、了解短视频的特点、清楚短视频的优势

掌握短视频的变现方法：平台补贴分成、广告赞助、用户"打赏"、电商销售

认识短视频

了解热门的短视频类型：Vlog短视频、美食短视频、生活技能短视频、情景短视频、宠物短视频

认识短视频类型和平台

了解热门的短视频平台：抖音、快手、哔哩哔哩、小红书、微信视频号

项目二 探寻短视频制作流程

2

小艾想尽快胜任短视频制作的相关工作，就需要对短视频制作的各个环节了如指掌，包括短视频的策划、拍摄、剪辑和发布等。公司也为新员工提供了专门的培训，让新员工可以在短时间内掌握与短视频制作流程相关的各种知识，从而具备独立制作短视频的能力。

知识目标

- 了解短视频选题的策划和脚本的撰写。
- 了解短视频发布的基本方法。

技能目标

- 能够拍摄合格的短视频画面。
- 能够剪辑视频素材和音频素材。

素养目标

- 锻炼对短视频制作的全局统筹能力。
- 增强安全操作的良好意识。
- 培养精益求精的工作态度。

任务一 | 策划短视频

任务描述

未经培训之前，小艾以为只需凭借个人爱好就能完成短视频的制作。经过培训，小艾才意识到选题策划和脚本撰写对短视频制作的重要性。

任务实施

➡ 活动1 策划短视频选题

选题就是创作者对内容的设想和构思，短视频的选题主要是指创作者想要表达的主题，或者想要论证或阐述主题的切入角度。好的选题是短视频质量的基础保证。要想策划出优质的短视频选题，可以按照以下几步进行。

第一步 了解平台规则

短视频选题必须符合短视频平台的内容审核规则，否则就无法发布成功。此外，不同短视频平台的推荐规则也不同，创作者在策划前应适当了解，以制作出被短视频平台大力推荐的短视频。

第二步 考虑账号定位

发布短视频之前，创作者需要在短视频平台上创建账号，然后设置头像、标签、相关说明等资料，使用户通过账号能清楚地了解创作者的创作方向、性格等情况。

第三步 形成创意

短视频选题应该具有创作者自己的创意，创作者也可以借鉴他人的想法并进行创新。例如，别人的短视频采用了一种方法来解决手机内存不足的问题，而自己的短视频能提供更简便的方法来解决同样的问题，那么自己的短视频就能比别人的短视频更具有吸引力。

第四步 符合用户需求

各大短视频平台都提供了用户画像功能，如在抖音中可进入"创作者服务中心"界面点击"数据中心"按钮🛒，开通数据看板并查看粉丝的具体情况，如性别、年龄、地域、活跃度等。创作者利用这些信息，就可以分析出用户的基本爱好和需求，然后策划并制作出符合用户需求的短视频。

例如，某短视频创作者分析出自己的粉丝以一、二线城市中等收入的职场女性为主，她们对生活有更高的要求，不希望工作占据过多时间，也需要自我肯定和自我突破。通过对用户的分析，创作者在策划短视频选题时就可以选择与提升生活品质、提升自我相关的内容，增强用户的自信和乐观精神。相关分析如图2-1所示。

第五步 灵活运用选题公式

此外，策划短视频选题时可以参考图2-2所示的短视频选题公式。

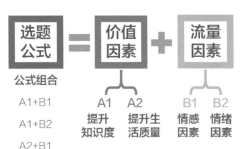

01 用户画像	**性别:** 女性为主。**地域:** 一、二线城市。**经济状况:** 中等收入	
02 用户需求	**生活:** 更健康、更美、提高生活质量。**工作:** 不占用过多时间。**情感:** 需要自我肯定、自我突破	
03 短视频选题策略	**帮助:** 给出提升生活品质、提升自我的方法;增强用户自信和乐观精神	

图2-1

选题公式 = 价值因素 + 流量因素

公式组合

A1+B1
A1+B2
A2+B1
A2+B2
A1+B1+B2
A2+B1+B2

A1 提升知识度　A2 提升生活质量　B1 情感因素　B2 情绪因素

图2-2

通过图2-2可知,一个好的选题需要同时具备价值和流量两大因素。其中,价值因素主要体现在提升知识度和提升生活质量两个方面,前者是让用户了解各种信息内容(包括已知信息和未知信息),后者是让用户在身体和精神上都更加舒适。流量因素包括情感因素和情绪因素,前者包括共情心理、猎奇心理、从众心理、窥探心理、安慰心理、期待心理等,后者包括生气、感动、开心、心疼、震惊等。

例如,图2-3所示的蔬菜摆盘小技巧短视频,使用的公式组合为"已知信息+期待心理+震惊"(A1+B1+B2),即将人们熟知的各种常见蔬果(已知信息),通过各种奇思妙想进行创意摆盘,让用户学习后对生活产生期待(期待心理),并发现普

通的蔬果,经过设计后也能变得如此精致(震惊)。

图2-3

→ 活动2　撰写短视频脚本

短视频脚本是指拍摄短视频时所依据的大纲,它体现的是内容的发展方向,对故事发展、节奏把控、画面调节等都起到重要的作用。要想撰写出高质量的短视频脚本,可以按照以下步骤进行。

第一步　搭建框架

为短视频脚本搭建框架的目的是提前设计好短视频中的人物和环境之间的联系。也就是说,在确定短视频选题后,就要搭建短视频的内容框架,即确定制作短视频所需要的角色、场景、时间及道具等内容,明确这些内容的作用、使用途径和使用场合等。

第二步　确定主线

无论哪种类型的短视频,都应该具备

故事主线，东拼西凑制作的短视频经不起推敲，用户也会很快丧失对短视频的兴趣。只有有价值的短视频才能被更多用户接受。创作者要想一个短视频有价值，就需要设定清晰的故事主线，这样才能支撑其想要传达的信息。

第三步 设计场景

根据短视频内容确定需要的场景，以及每个场景中的道具、人物等。

第四步 把控时间

把控时间时需要注意两个方面：一方面是短视频的时长控制以及每个场景的时长控制；另一方面则是重要画面的时间安排，例如，将一个精彩的镜头放在短视频开始的20%处，以吸引用户继续观看。

知识窗

常见的短视频脚本有3种类型，分别是提纲脚本、分镜头脚本和文学脚本。

1. 提纲脚本

提纲脚本是指以提纲的形式将短视频的主要内容提列出来。提纲脚本无法提供精确的拍摄方案，仅适合街头参访、景点探访或讲解等采用纪实手法拍摄的短视频。表2-1所示是一种典型的提纲脚本。

表2-1　成都太古里拍摄方案（提纲脚本）

时间线	拍摄场景	大致内容
到达	拍摄漫广场	介绍太古里总体情况，介绍漫广场设计灵感
探寻古寺	拍摄大慈寺	介绍大慈寺历史，顺便介绍相关人文风情等内容
寻访美食	拍摄米其林星级餐厅	介绍米其林餐厅大致情况和经典美食
"网红"点打卡	拍摄裸眼3D屏幕	介绍裸眼3D的原理和真实体验
精品购物	拍摄精致商业门店	介绍太古里商店总体布局、品牌商家、商品类型
结束	航拍太古里	总结太古里游玩体验

2. 分镜头脚本

分镜头脚本是指创作者按照构思，将短视频的策划方案以镜头为基本单位，划分出不同的景别、镜头、画面和时长等要素。分镜头脚本是较常用的脚本类型，适合大部分短视频。表2-2所示为美食点评的分镜头脚本。

表2-2　美食点评拍摄方案（分镜头脚本）

分镜	景别	镜头	画面	时长／秒
1	中景	固定镜头	主播和镜头打招呼	3
2	中景	固定镜头	主播趴到桌子上	1
3	近景	拉镜头	主播拿出某品牌凉皮	1

分镜	景别	镜头	画面	时长／秒
4	特写	移镜头	展现盒子背面的营养成分	4
5	全景	固定镜头	黑幕+文字解释	1
6	中景	移镜头	回到主播正面	4
7	近景	固定镜头	拆包的过程	3
8	中景	摇镜头	拌好的凉皮成品	2
9	特写	摇镜头	把拌好的凉皮用筷子夹起来在镜头前展现	4
10	特写	固定镜头	慢镜头下抖动凉皮	4
11	中景	固定镜头	主播面向镜头讲解	6
12	中景	固定镜头	主播吃一口凉皮，吃完后说话	5
13	中景	固定镜头	主播擦了擦嘴巴说话	2
14	中景	固定镜头	主播把大包装的凉皮拿到桌面上	3
15	全景	固定镜头	主播挥手，说再见	2

短视频成片总时长：45秒

3. 文学脚本

文学脚本适用于无剧情的短视频，如教学视频、测评视频等。文学脚本只需要规定人物的任务、台词、选用的景别和镜头时长即可。文学脚本可以视为简化版的分镜头脚本。

任务二 ▌ 拍摄短视频

任务描述

完成短视频选题策划和脚本撰写工作后，就可以进入短视频拍摄环节。小艾听说要拍出高质量的短视频，不仅需要使用各种器材和设备，还需要掌握景别并灵活使用各种镜头，通过构图、布光等技术提升短视频的拍摄效果。

任务实施

➡ 活动1 认识拍摄器材和设备

"工欲善其事，必先利其器"，短视频拍摄也是如此，只有掌握各种器材和设备的功能、特性以及使用方法，才能制作出高质量的短视频。下面介绍几种常用的拍摄器材和设备。

第一种 智能手机

随着科技的不断发展，智能手机成为

人们生活中必不可少的设备，许多智能手机自身配备强大的摄影功能，无论是清晰度还是画质效果等，都可以满足人们拍摄短视频的要求。智能手机具有小巧轻便、利于携带、操作方便等优点，能够实现随走随拍，因此智能手机成为许多创作者的首选拍摄器材。智能手机如图2-4所示。

图2-4

第二种 数码相机

数码相机是一种利用电子传感器把光学影像转换成电子数据的拍摄器材。它的成像质量比智能手机更高，对于追求高画质的创作者而言，是非常有用的短视频拍摄工具。目前，数码相机有微单、单反和运动相机3种。

微单严格地说应该叫作微型可换镜头式单镜头数码相机。其体积小巧，便于携带，镜头可以更换。微单如图2-5所示。

图2-5

单反即单镜头反光式取景相机。它的成像品质足够优秀，可以根据需要切换不同的镜头，能够满足短视频拍摄时的多种需求。单反如图2-6所示。

图2-6

运动相机是一种专用于记录动作过程的相机，常应用于拍摄运动者的第一视角，适合各种运动类短视频的拍摄。运动相机体积小、质量小、易携带，支持广角和高清视频录制，被广泛应用于拍摄冲浪、滑雪、极限自行车、跳伞、跑酷等极限运动。运动相机如图2-7所示。

图2-7

第三种 无人机

无人机是一种通过无线电遥控设备或机载计算机程控系统来操控的不载人飞行器，如图2-8所示。无人机支持从天空航拍地面，能轻易拍摄出极具视觉震撼力的短视频。央视纪录频道推出的"航拍中国"系列纪录片就大量采用了无人机拍摄，感兴趣的创作者可以通过该系列纪录片研究无人机拍摄的方法和技巧。

图2-8

第四种 手机稳定器

手机稳定器可以解决手持手机拍摄产生的画面抖动、模糊等问题。其还具有精准的目标跟踪拍摄功能，可以跟踪并锁定人脸或其他拍摄对象，在运动拍摄、全景拍摄、延时拍摄等场景都能派上用场。手机稳定器如图2-9所示。

图2-9

第五种 相机三脚架

相机三脚架可以固定数码相机，保持拍摄的稳定，是常见的一种稳定设备，如图2-10所示。选择相机三脚架时，应该首先考虑稳定性，其次考虑材质、质量、价格等因素。

第六种 灯光设备

灯光设备是必不可少的辅助设备，可以构建短视频的布光环境，使短视频呈现出良好的光影效果。灯光设备的种类较

多，如摄影灯、便携灯、灯架、柔光箱、反光板、反光伞等。图2-11所示为摄影灯。

图2-10

图2-11

第七种 收音设备

在拍摄短视频的过程中，相机或手机等设备自带的收音功能效果有限，为了提升收音效果，可以添置专门的收音设备。目前市场上的收音设备很多，其中较常用的是枪式话筒和领夹式话筒。枪式话筒在户外拍摄时十分实用，可以将其安装在数码相机上，对准声源方向收录声音，其收

录效果较好；领夹式话筒可以夹在演讲者的身上，或者近距离靠近拍摄物体收录高质量的声源。枪式话筒和领夹式话筒如图2-12所示。

图2-12

→ 活动2　了解各种景别

景别是指拍摄器材与被摄主体由于距离不同，在画面中所呈现出的范围大小的区别。景别可以分为远景、全景、中景、近景和特写5种。

第一种　远景

远景视野深远、宽阔，主要用于表现地理环境、自然风貌、开阔宏大的场景等，如图2-13所示。远景相当于从较远的距离观看景物和人物，画面能包容广大的空间，人物在画面中显得较小，背景占主要空间，给人以广阔、宏大的感觉。

图2-13

经验之谈

　　远景适用于展现辽阔的大自然、宏伟的建筑群、盛大的活动场面，以及室内的整体布局情况等。

第二种　全景

全景可以用来表现场景的全貌与人物的全身动作。与远景相比，全景突出的是画面主体的全部面貌，整个画面会有一个比较明确的视觉中心，能够全面展示人物与环境之间的密切关系。换句话说，全景画面需要有一个主体，该主体可以是人物，可以是景物，也可以是人物和景物的组合。

在拍摄以人物为主体的画面时，全景可包含整个人物的形貌，它既不像远景那样由于细节过小而无法仔细辨认人物，也不会像中景、近景那样不能展示人物全身的形态动作。全景在叙事、抒情和阐述人物与环境的关系等方面可以起到独特的作用。全景画面如图2-14所示。

第三种　中景

中景主要用于表现人与人、人与物、物与物之间的关系。在人物拍摄中通常是表现膝盖以上的范围，着重反映人物的动作、姿态等信息。

图2-14

和全景相比，中景可以着重表现人物的上身动作，如图2-15所示。中景是叙事功能最强的一种景别。

图2-15

第四种 近景

近景可以表现被摄主体局部的对比关系。在拍摄人物时，通常表现人物胸部以上的神态细节，从而呈现人物的细微动作，展现人物的感情流露，让人物在用户眼中形成鲜明、深刻的印象，有助于刻画人物性格。

近景中的环境占据次要的地位，画面中的内容简洁，且一般只有一位近景人物

作为画面主体，这样才有利于表现人物的表情，如图2-16所示。

图2-16

第五种 特写

特写主要用于表现人或物的关键点，通过放大局部的细节来揭示主体的本质。特写中的景物比较单一，其舍弃烦琐，直奔主题，让被摄主体充满画面，如图2-17所示。特写画面可以起到提示信息、营造悬念、刻画人物内心活动等作用。特写画面的细节最突出，能够更好地表现被摄主体的线条、质感、色彩等特征。

图2-17

→ 活动3　活用各种拍摄镜头

拍摄短视频时，每一个镜头对应一个画面，因此短视频实际上就是由一个个镜头所组成的，合理运用不同的镜头就能拍摄出高质量的画面。下面介绍几种常用的拍摄镜头，分别是固定镜头、推镜头、拉镜头、摇镜头、移镜头和跟镜头。

第一种　固定镜头

固定镜头指的是拍摄器材位置不变、焦距不变的拍摄方式。固定镜头在短视频拍摄中很常见，可以用于拍摄动态或静态的事物，展现拍摄物的发展变化情况或状态。总的来看，首先，固定镜头可以展现拍摄现场的环境，引导场景氛围；其次，固定镜头能突出画面中的拍摄物，展现更多细节，能够给用户分析画面细节留出足够的时间；最后，固定镜头能够客观反映拍摄物的运动速度和节奏变化，例如在拍摄雪景时，固定镜头能使纷飞的雪花和静止不动的房屋形成鲜明的对比，展示雪花飞舞的速度，如图2-18所示。

图2-18

第二种　推镜头

推镜头是指通过调整摄影器材位置或镜头焦距，向被摄主体方向运动的拍摄方式。推镜头使被摄主体在画面中呈现出越来越大的效果，形成视觉前移的感觉，如图2-19所示。推镜头在描写细节、突出主体、刻画人物、制造悬念等方面非常有用。

图2-19

✏️ **经验之谈**

当需要捕捉人物面部的细微表情变化，或放大人物某个部位的细节，或强调人物某个细微动作时，使用推镜头是一个正确的选择。

第三种　拉镜头

拉镜头与推镜头相反，是指摄影器材向被摄主体反方向运动，或调整焦距使拍摄框架远离被摄主体的拍摄方式。拉镜头可以使画面呈现出由近及远，由局部到整

体的效果，如图2-20所示。拉镜头可以增加信息量，逐渐显现出被摄主体与整个环境之间的关系。

图2-20

第四种 摇镜头

摇镜头是指摄影器材位置固定不动，通过相机三脚架上可以活动的云台（也称稳定器）或拍摄者自身旋转身体进行上下或左右摇摆拍摄的一种拍摄方式。图2-21所示是使用从上至下的摇镜头拍摄出来的画面。当无法在单个固定镜头中拍摄出想要拍摄的事物，如沙漠、海洋、草原等宽广、深远的景物，或悬崖峭壁、瀑布、高耸入云的建筑物等较高的对象时，就可以使用摇镜头来逐渐展现事物的全貌。摇镜头除了适用于介绍环境，也适用于拍摄多个主体进行交流的画面，从而建立其联系。

图2-21

第五种 移镜头

移镜头是指摄影器材沿水平面向任意方向移动的拍摄方式。如果要长距离地移镜头，那么一般会使用滑轨等稳定设备。图2-22所示是将滑轨安放在被摄主体前面，摄影器材在滑轨上从左至右水平横向移动拍摄的画面效果。与摇镜头相比，移镜头拍摄时摄影器材会进行直线运动，从而产生出比用摇镜头拍摄更富有流动感、视觉效果更强烈的画面。

✎ 经验之谈

移镜头可以拍摄出各种丰富的画面，如被摄主体处于静止状态时，使用移镜头拍摄可以形成巡视或展示的视觉感受；当被摄主体处于运动状态时，使用移镜头拍摄可以形成跟随拍摄的视觉效果；当摄影器材与被摄主体反向运动时，使用移镜头拍摄还可以营造擦身而过、惊险等气氛。

图2-22

第六种 跟镜头

跟镜头是摄影器材跟踪运动着的被摄主体进行拍摄的一种拍摄方式（如果以被摄主体为中心进行环绕跟随拍摄，则形成环绕镜头的拍摄方式）。跟镜头可以连续而详细地表现被摄主体的活动情况及其在运动中的动作和表情，既能突出运动中的主体，又能交代其运动方向、速度、体态、表情及其与环境的关系等。图2-23所示为使用跟镜头拍摄的大雁飞翔的过程。

图2-23

→ **活动4 学会构图与布光**

再好的选题和脚本也需要优秀的画面来展现，而优秀的画面离不开高质量的构图与布光。下面介绍短视频拍摄时常用的构图与布光方法。

第一步 了解构图的方法

短视频构图的方法有很多，包括中心构图法、水平线构图法、垂直线构图法、九宫格构图法、对角线构图法、引导线构图法等。熟悉并运用这些构图方法，能在短时间内提升拍摄能力和拍摄画面的质量。

（1）中心构图法

中心构图法将被拍摄主体放置在画面中心，其优势在于能突出、明确主体，而且画面容易取得左右平衡的效果，如图2-24所示。

图2-24

（2）水平线构图法

水平线构图法以水平线为参考线，将整个画面二等分或三等分，通过水平、舒展的线条表现出宽阔、稳定、和谐的画面效果，如图2-25所示。

图2-25

（3）垂直线构图法

垂直线构图法以垂直线为参考线，充分展示景物的高大和深度，如图2-26所示。

图2-26

（4）九宫格构图法

九宫格构图法通过两条水平线和两条垂直线将画面平均分割为9块区域，将被摄主体放置在任意一个交叉点位置，如图2-27所示。九宫格构图法可以使画面看上去非常自然和舒服。

图2-27

（5）对角线构图法

对角线构图法将被摄主体沿画面对角线方向排列，表现出动感、不稳定性、有生命力等感觉，如图2-28所示。

图2-28

（6）引导线构图法

引导线构图法通过引导线将人们的焦点自然地引到画面的主体上，如图2-29所示。

图2-29

第二步 掌握布光的技巧

布光是指布置拍摄现场的光。布光不仅能提升画面质量，而且能体现短视频风格。下面介绍几种常用的布光技巧。

（1）善用各种位置的光

被摄主体被不同方向或角度的光照射，会产生不同的明暗效果，根据光相对于被摄主体的位置，可以将其分为顺光、侧光、逆光、顶光、脚光等。其中，顺光也称为正面光，指光线投射方向与拍摄方向一致的光，能均匀地照明被摄主体；侧光是指光线投射方向与拍摄方向成90°左右的光，能使被摄主体在画面中出现明显的阴暗面和投影；逆光也称作背面光，是指来自被摄主体后面的光，能使被摄主体显得层次分明；顶光是指来自被摄主体上方的光，能使被摄主体在垂直方向上有明显的阴暗面和投影；脚光是指由下向上照射的光，可以模拟油灯、台灯、篝火等自然照明效果。图2-30所示为利用这几种位置的光拍摄的不同画面效果。

图2-30

经验之谈

　　根据光的不同作用，还可以将光分为主光、辅光、背景光、修饰光、轮廓光、模拟光等类型。主光是指照明中起主要作用的光，是拍摄短视频必要的光；辅光用于照射主光照不到的位置，以减少主光形成的阴影；背景光一般位于被摄主体后方，可以使被摄主体更加清晰，让画面具有立体感；修饰光是对被摄主体局部添加的强化塑形的光，主要用于修饰和更精细地展现被摄主体；轮廓光用于勾勒出被摄主体的形体轮廓；模拟光可以用来模拟某种现场光的效果，从而营造某种特殊的环境和氛围。

（2）蝴蝶光布光

　　蝴蝶光也叫派拉蒙光或美人光，这种光会使人物鼻子的下方产生一个类似蝴蝶状的阴影，由此而得名。其布光方法为：

将光布置在人物脸部的正前方，由上向下在45°方向投射到人物面部，如图2-31所示。蝴蝶光可给人物脸部带来一定的层次感，多用于表现女性。

图2-31

（3）伦勃朗光布光

　　伦勃朗是荷兰的一位有名的画家。在伦勃朗光下拍摄的人像酷似伦勃朗的人物肖像绘画，因此而得名。伦勃朗光的布光方法为：让人物的面颊转向一侧至刚刚看不到那侧耳朵，然后在另一侧投射光，让面颊的三分之二被照亮，而另外的三分之一处于阴影中。拍摄时人物可以稍稍转离光源，光源位置也需高过头部，让鼻子的阴影与面颊的阴影相连。这种布光方法会使人物阴影一侧的脸部构成三角形的光斑，使画面具有平面感和戏剧性，如图2-32所示。

图2-32

（4）环形光布光

环形光因人物面部的阴影部分产生环状阴影而得名。其布光方法为：光源高度比人物脸部稍低，鼻部阴影不能与脸颊处阴影连接，也不能让鼻部阴影接触到嘴唇。这种布光方法非常适合拍摄椭圆形面孔，以强调人物的轮廓和立体感，如图2-33所示。

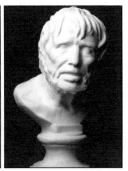

图2-33

（5）双灯布光

双灯布光有助于更好地控制光线，实现更多光影效果和层次。一般来说，双灯布光中的主光用来造型，辅光则用来塑造立体感和细节。采用左右平均布光，可以拍摄出明快、高调的感觉；采用上下平均布光，可以拍摄出立体感更强的画面；采用"主光+辅光"双灯立体布光，可以根据主辅光亮度、位置、角度的不同营造出各种不同的效果；采用"主光+逆光"双灯立体布光，可以表现被摄主体的轮廓。图2-34所示为这几种双灯布光的参考效果。

（6）三灯布光

三灯布光是常见的室内布光方式，也是适合小范围照明的布光方式。其光线包括主光、辅光和轮廓光。主光用来照亮场景中的主要对象及其周围区域，并确定明暗关系和投影方向；辅光用来填充阴影区以及被主光遗漏的场景区域，调和明暗区域之间的反差，同时形成景深（对焦点前后的清晰范围）与层次；轮廓光用来分离主体与背景，展现空间的形状和深度。三灯布光的参考效果如图2-35所示。

图2-34

图2-35

任务三 | 剪辑短视频

任务描述

拍摄了高质量的画面，相当于得到了金刚石，若想要将金刚石变成璀璨夺目的钻石，还需要借助后期剪辑。小艾非常清楚短视频剪辑的重要性，因此非常认真地学习剪辑短视频的方法。

任务实施

➡ 活动1 视频基本剪辑操作

视频剪辑包括裁剪、变速、美化等基本操作，下面以剪映App为例，介绍在手机上剪辑视频素材的基本方法，具体操作如下。

微课：视频基本
剪辑操作

步骤01 在手机上安装并打开剪映App，点击"开始创作"按钮 ⊞ ，在显示的界面中按顺序依次点击需要添加的素材[配套资源：素材\项目二\秋日（1）.mp4~秋日（4）.mp4]，然后点击 添加(4) 按钮，如图2-36所示。

图2-36

步骤02 视频素材将按照选择的先后顺序添加到时间轴上。选择第1个素材，拖曳其两端的白色控制条便可裁剪内容，保留需要的素材画面，如图2-37所示。

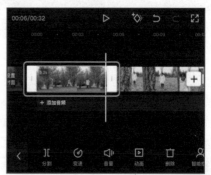

图2-37

✎ 经验之谈

时间轴上较长的白色竖线是定位器，左右滑动可调整定位器的位置，此时点击下方工具栏中的"分割"按钮 Ⅱ ，可以把视频素材在定位器的位置分割为两段。

步骤03 按相同方法裁剪其他视频素材，将整个短视频时长控制在19秒左右。然后选择第1个素材，点击"变速"按钮 ⊙ ，如图2-38所示。

图2-38

步骤04 点击"常规变速"按钮 ⬛。在显示的界面中拖曳控制点至"0.5×"的位置，降低播放速度，点击"确定"按钮 ✓，如图2-39所示。

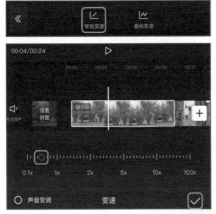

图2-39

步骤05 按相同方法将其他视频素材的播放速度均调整为"0.5×"，结果如图2-40所示。

步骤06 选择第1个视频素材，点击工具栏中的"滤镜"按钮 ⬛，在显示的界面中点击"影视级"选项卡，选择"青橙"选项，依次点击 ⬛ 应用到全部 按钮和"确定"按钮 ✓，如图2-41所示。

图2-40

图2-41

步骤07 选择第1个视频素材，点击工具栏中的"调节"按钮 ⬛，在显示的界面中点击"亮度"按钮 ⬛，拖曳控制点调整亮度参数，如图2-42所示。

图2-42

步骤08 按相同方法依次调整对比度、

饱和度、光感、色温和暗角等参数，然后点击 应用到全部 按钮和"确定"按钮 ☑，如图2-43所示。

图2-43

步骤09 点击第1个视频素材与第2个视频素材之间的"转场"按钮 ▯，如图2-44所示。

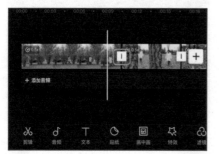

图2-44

步骤10 在显示的界面中点击"基础转场"选项卡，选择"叠化"，然后拖曳下方的控制点将转场时长设置为"1.0s"，依次点击 应用到全部 按钮和"确定"按钮 ☑，如图2-45所示。

图2-45

✏ **经验之谈**

剪辑视频素材时，还有以下常见的基本操作：①长按某个视频素材并拖曳，可调整素材在时间轴上的位置；②点击工具栏中的"复制"按钮 ▣ 可复制所选素材；③点击"删除"按钮 ▮ 可删除所选素材；④点击"音频分离"按钮 ▶ 可将所选视频素材中的音频部分单独分离出来；⑤点击"定格"按钮 ▯，可截取当前所选素材的画面，并将其以图片素材的方式插入时间轴。

➡ 活动2 音频基本剪辑操作

音频也是短视频的重要组成部分，剪辑短视频时可以搜索并添加音频、裁剪、设置音量、设置淡入淡出效果等，具体操作如下。

微课：音频基本剪辑操作

步骤01 将时间轴定位器定位到短视频最前面，点击左端的"关闭原声"按钮 ◁，然后点击 ＋添加音频 按钮，如图2-46所示。

图2-46

步骤02 点击"音乐"按钮 ♪，显示"添加音乐"界面，在搜索框中输入需要的音乐名称或风格，这里输入"唯美"，点击搜索结果中的音乐进行试听，觉得合适就点击右侧的 使用 按钮，如图2-47所示。

图2-47

步骤03 选择音频素材，拖曳其左端的白色控制条，将播放长度裁剪为30秒，长按音频素材调整其位置，使其与上方的短视频长度相等，如图2-48所示。

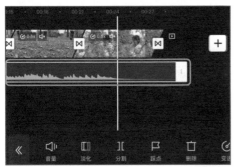

图2-48

步骤04 选择音频素材，点击工具栏中的"音量"按钮 🔊，在显示的界面中拖曳控制点调整音量大小，完成后点击"确定"按钮 ✓，如图2-49所示。

步骤05 选择音频素材，点击工具栏中的"淡化"按钮 ▥，在显示的界面中拖曳"淡入时长"参数的控制点，将时长调整为"2.0s"，完成后点击"确定"按钮 ✓，

如图2-50所示（配套资源：效果\项目二\秋日随拍.mp4）。

图2-49

图2-50

✎ **经验之谈**

如果添加的音乐涉及版权问题，那么短视频无法发布成功。为了保证短视频能够成功发布，在添加音乐后，可在工具栏中点击"版权校验"按钮 ◎，剪映App将对使用的所有音频素材进行版权校验并显示结果。这种方法可以保证使用的音频素材不会出现版权问题。

任务四 | 发布短视频

任务描述

短视频剪辑成功后，就可以将其导出并发布到短视频平台上。一般来说，发布短视频有两种思路：一种是直接利用剪辑软件发布，如剪映App可以将短视频发布到抖音、西瓜视频等平台，快影App可以将短视频发布到快手等平台；另一种是直接在短视频平台上发布。小艾将尝试利用剪映App将短视频发布到抖音上。

任务实施

➡ 活动1　设计封面

短视频发布时需要设计一个封面，其用途是方便用户选择和创作者管理。下面设置短视频封面并发布短视频，具体操作如下。

微课：设计封面

步骤01　在剪映App中预览短视频内容，确认无误后点击 导出 按钮，如图2-51所示。

图2-51

步骤02　剪映App开始导出短视频并显示导出进度，如图2-52所示。

图2-52

步骤03　导出完成后，在显示的界面中点击"抖音"图标♪，如图2-53所示。

图2-53

步骤04　启动抖音App（需提前安装到手机上），在显示的界面中依次点击 下一步 按钮，如图2-54所示。

步骤05　显示抖音App的"发布"界面，点击缩略图中的"选封面"，如图2-55所示。

步骤06　在显示的界面中拖曳中间的预览条，选择需要作为封面的画面，然后点击 保存 按钮，如图2-56所示。

图2-55

图2-56

➡ 活动2 设置发布信息

除设置封面外，发布短视频时还可以设置标题，添加相关话题和提醒好友观看等，以增加短视频热度。具体操作如下。

微课：设置发布信息

步骤01 在发布界面的文本框中输入合适的短视频标题，然后点击 #话题 按钮，如图2-57所示。

图2-57

步骤02 在弹出的下拉列表中选择与短视频相关的热门话题，如"#落叶知秋"，如图2-58所示。

图2-58

步骤03 按相同方法添加多个与短视频相关的热门话题，如图2-59所示。

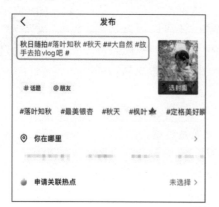

图2-59

步骤04 点击 @朋友 按钮，可在弹出的下拉列表中选择好友，让好友第一时间知道自己发布了新的短视频，如图2-60所示。

图2-60

步骤05 选择"公开·所有人可见"选项，可在弹出的界面中设置短视频发布后的可见范围，如图2-61所示。

✎ **经验之谈**

在发布界面选择"你在哪里"选项可设置自己所在的位置；选择"申请关联热点"选项，可选择关联当前网络上的热点。

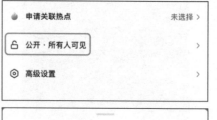

图2-61

步骤06 选择"高级设置"选项，可在弹出的界面中设置短视频发布的其他选项，如是否在发布后保存到手机，是否进行高清发布等，如图2-62所示。

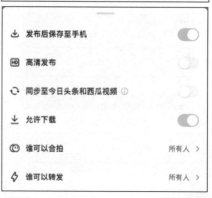

图2-62

→ **活动3　发布与评论**

　　完成相关设置后，就可以将短视频发布到平台上供用户观看。为了增强互动性，还可以自己评论短视频或回复用户的评论等，具体操作如下。

微课：发布与评论

步骤01　在发布界面底部点击 $\boxed{火\ 发布}$ 按钮，如图2-63所示。

图2-63

步骤02　发布成功后，可在抖音App的该短视频的界面中点击"写评论"图标 $\boxed{...}$，在显示的界面中输入文本，如图2-64所示。

步骤03　当用户评论了短视频后，"写评论"图标 $\boxed{...}$ 下方将显示评论的数量，点击该图标，在显示的界面中点击某个用户评论下的 $\boxed{回复}$ 按钮，便可回复该用户的评论，如图2-65所示。

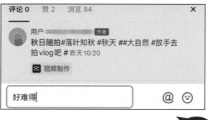

图2-64

图2-65

同步实训——制作"游园随拍"短视频

　　两人一组，按照以下要求到公园或花园中拍摄几段游园时的视频素材，然后将其剪辑为短视频并发布到抖音上。

　　① 用手机横向拍摄，让搭档出镜并根据自己的策划要求搭档配合表演相应动作。

　　② 使用跟镜头全景和中景拍摄搭档游园时行走的画面。

　　③ 使用摇镜头全景拍摄公园或花园的美景。

　　④ 使用移镜头中景拍摄搭档驻足观赏美景的画面。

　　⑤ 使用剪映App导入手机中的4段视频素材，剪辑画面内容，让整个短视频长度在15

秒左右。

⑥ 将所有视频素材设置为降速"0.5×"，并应用滤镜和调节功能适当美化画面。

⑦ 分离短视频中的音频部分，然后为短视频添加合适的背景音乐（如唯美、欢快等风格的音乐）。

⑧ 将短视频发布到抖音上，设置标题和封面，并添加话题和提醒好友观看。

项目小结

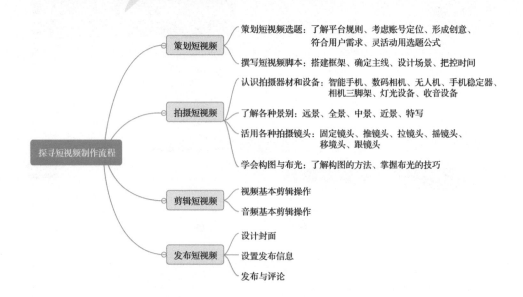

项目三 制作Vlog短视频

3

小艾顺利完成了公司的短视频培训课程，对短视频及其制作都有了全新的认识。因为小艾的培训成绩比较突出，公司领导安排小艾参与制作一个Vlog短视频，主要目的是展现旅游风光。

知识目标

- 了解Vlog短视频的基本拍摄方法。
- 了解VUE Vlog App的主要功能。

技能目标

- 掌握VUE Vlog App的使用方法。
- 能够使用智能手机拍摄质量较高的Vlog短视频。

素养目标

- 提高对短视频节奏把控的敏感度。
- 通过海边Vlog的制作，培养保护海洋、保护环境的良好意识。

任务一 | 策划Vlog短视频

任务描述

在认真查看了制作要求后，小艾抓住了"旅游风光""唯美""Vlog"这几个关键词，思考之后，她认为可以制作一个唯美风格的展现旅游风光的Vlog短视频，通过精致的视频画面和与视频风格相符的音乐来吸引用户。

任务实施

➡ 活动1 策划"夕阳下的海滩"短视频的选题

小艾综合了各方面的情况后，准备制作一个"夕阳下的海滩"短视频，并对这个短视频的选题进行了前期策划，具体步骤如下。

第一步 明确拍摄主题

拍摄Vlog短视频前需要明确主题。拍摄的画面和故事情节围绕这个主题展开，才会使短视频的故事情节更加紧凑，后期剪辑工作也会更加高效和具有针对性。

小艾将此次Vlog主题确定为"自由"和"惬意"，让用户在观看短视频内容时感受到大自然的美好和生命的自由，从而能够暂时缓解生活、学习和工作中的各种压力。

第二步 确定拍摄内容

网络上Vlog短视频的内容主要有两种：一种是拍摄一天或一个时间段自拍者或拍摄对象的活动情况，另一种则是拍摄自拍者或拍摄对象对某一件事或某一时刻的感悟。

小艾此次将重点拍摄黄昏时海滩的景色，以及人物在海滩上的漫步过程，通过展现景物、人物、动物等，来反映此次拍摄主题。

第三步 找准节奏和风格

许多纪实风格的Vlog短视频都是快节奏的，但对于唯美风格的Vlog短视频而言，更加适合舒缓的节奏。同时，为了进一步强化唯美的风格，小艾想通过构图让画面显得更干净，后期采用横版留黑的形式让Vlog短视频更有格调。

➡ 活动2 撰写"夕阳下的海滩"短视频分镜头脚本

根据前期对短视频的策划，小艾构思出了短视频的拍摄内容，并撰写了分镜头脚本，具体如表3-1所示。

表3-1 "夕阳下的海滩"短视频分镜头脚本

分镜	景别	镜头	画面	时长／秒
1	特写	固定镜头	拍摄海滩上的寄居蟹	12
2	远景	摇镜头	拍摄夕阳照射下的海滩全貌	5
3	全景	跟镜头	在人物身后跟随拍摄其在海滩上行走	5
4	近景	跟镜头	聚焦人物脚部，跟随拍摄其在海滩上行走	5
5	全景	摇镜头	拍摄海面上自由飞翔的海鸟	5
6	全景	固定镜头	在人物身后拍摄其惬意地走向海洋	5
7	中景转近景	环绕镜头	在人物身后环绕拍摄人物与海洋	5
8	中景	固定镜头	在人物身后拍摄人物在海边嬉戏	5
9	近景	固定镜头	拍摄海浪涌上海滩	10

短视频成片总时长：57秒

任务二 拍摄Vlog短视频

任务描述

小艾完成短视频的策划工作后，就着手拍摄Vlog短视频。她首先做了一系列准备工作，然后按照分镜头脚本进行拍摄。

任务实施

➡ 活动1 人、场、物的准备

小艾从人员配置、场地布置和器材准备3个方面开展了拍摄准备工作，具体步骤如下。

第一步 人员配置

小艾将短视频的策划情况上报给了领导，领导让小雪担任短视频的主角，让男同事小张担任司机，并为拍摄提供其他必要的帮助。

第二步 场地布置

此次拍摄无须对场地进行特别布置，只需要充分借助原始的自然风光。

第三步 器材准备

小艾认为拍摄Vlog短视频时十分重要的一点就是拍摄器材一定要轻便，这样才能拍摄想要的画面。因此她准备了手持稳定器和智能手机，小雪则预备了一台微单以备不时之需。

→ 活动2 分镜头拍摄详解

准备就绪后，小艾按照分镜头脚本的内容进行拍摄，具体步骤如下。

步骤01 寻找海滩上的寄居蟹，并以固定镜头特写拍摄。这里拍摄的是寄居蟹由静止到远离镜头的过程，如图3-1所示（这个镜头将作为Vlog的片头，但在拍摄时并不一定要首先拍摄）。

图3-1

步骤02 远离海滩，寻找一个可以拍摄海滩全貌的位置，以摇镜头的方式拍摄夕阳下海滩的全貌，景别为远景，如图3-2所示。

图3-2

步骤03 跟随在模特儿身后，全景拍摄模特儿自然地走向海滩的画面，如图3-3所示（拍摄器材自动白平衡的效果可能会导致画面色彩不统一，但可以通过后期剪辑来调整）。

图3-3

步骤04 以近景的方式采用跟镜头拍摄模特儿在海滩上惬意行走的画面，镜头聚焦到模特儿的脚部，如图3-4所示。

图3-4

步骤05 配合夕阳的光线找到合适的角度，以摇镜头的方式全景拍摄海鸟在海面上自由飞翔的画面，如图3-5所示。

图3-5

素养提升小课堂

拍摄海滩上的动物时，不能为了追求想要的效果而伤害它们，也不能将废弃物遗留在海滩上污染自然环境。和谐社会需要人人都树立起保护自然、爱护自然的意识。党的二十大报告中提到，必须牢固树立和践行绿水青山就是金山银山的理念，站在人与自然和谐共生的高度谋发展。

步骤06 在模特儿身后使用固定镜头全景拍摄模特儿向海滩走去的画面，在这个过程中模特儿可以自由发挥，做出一些表现自由、惬意的动作，如图3-6所示（如果光

图3-6

线合适，可以逆光拍摄，突出人物轮廓，也可以根据情况顺光或侧光拍摄）。

步骤07 在模特儿身后围绕模特儿进行拍摄，景别控制在中景与近景之间。拍摄时模特儿也需要自然地在海滩上行走，如图3-7所示。

图3-7

步骤08 在模特儿身后以固定镜头拍摄模特儿在海边嬉戏的状态，景别为中景，如图3-8所示。

图3-8

步骤09 以固定镜头俯拍海滩上海浪不断涌上来的画面，景别调整为近景，如图3-9所示。

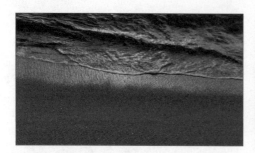

图3-9

任务三 | 使用VUE Vlog App剪辑短视频

任务描述

　　小艾在手机上观看了拍摄的几段视频素材，觉得部分画面内容超出了自己的预期，接下来她准备利用VUE Vlog App来剪辑Vlog短视频，然后将它发布到VUE Vlog平台。图3-10所示为小艾发布的Vlog短视频的参考效果。

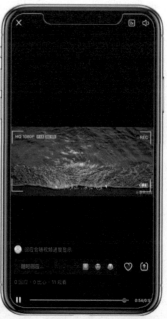

图3-10

知识窗

　　VUE Vlog App是一款短视频剪辑工具，用户使用它可以拍摄、剪辑、发布短视频，也可以在Vlog社区中与其他用户互动。就剪辑短视频而言，VUE Vlog App提供了"边框""贴纸""文字""分段""剪辑""音乐"等功能，下面依次介绍。

● **边框**：点击界面下方工具栏中的"边框"按钮▣，可以为短视频添加各种边框效果，如图3-11所示。

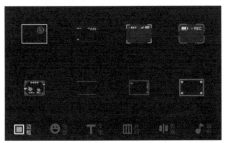

图3-11

● **贴纸**：点击"贴纸"按钮☺，并选择视频素材，便可为所选视频素材添加各种贴纸效果，如图3-12所示。

图3-12

● **文字**：点击"文字"按钮**T**，可进入设置文字的界面，其中主要包含4种功能，如图3-13所示。点击"大字"按钮**T**，可为选择的视频素材添加各种预设了样式的文字；点击"时间地点"按钮◎，可为选择的视频素材添加时间地点信息；点击"标签"按钮⌂，可为选择的视频素材添加各种美观的标签；点击"字幕"按钮▣，可为选择的视频素材添加字幕。

图3-13

● **分段**：点击"分段"按钮▥，可对所选视频素材进行各种处理，包括取消声音、截取内容、调整镜头速度、分割内容、删除素材、添加滤镜等，如图3-14所示。在"分段"界面中还可为短视频添加片头、片尾和转场效果。

图3-14

● **剪辑**：点击"剪辑"按钮❙❙，可对所选视频素材进行简单处理，如截取内容、调整镜头速度、分割内容、复制素材、删除素材等，如图3-15所示。

图3-15

- **音乐**：点击"音乐"按钮🎵，可显示
  "添加音乐"界面，在其中可以导入
  iTunes（手机为iOS）、微信、QQ中的
  音乐，提取视频中的音乐，根据分类
  选择合适的音乐等，如图3-16所示。

图3-16

任务实施

➡ 活动1 添加视频素材并调整速度

小艾在熟悉了VUE Vlog App的基本功能以后，就开始尝试运用VUE Vlog App剪辑短视频。首先她需要导入拍摄的视频素材，然后将所有素材的镜头速度调慢，具体操作如下。

微课：添加视频素材并调整速度

步骤01 打开手机上的VUE Vlog App，点击下方的"创作"按钮📷，如图3-17所示。

图3-17

步骤02 在显示的界面中点击"剪辑"按

钮✂，如图3-18所示。

图3-18

步骤03 显示导入素材的界面，点击"视频"选项卡，然后按视频素材的先后顺序依次点击对应的缩略图[配套资源：素材\项目三\Vlog(1).mp4~Vlog(9).mp4]，最后点击下方的 导入(9) 按钮，如图3-19所示。

> ✏ **经验之谈**
>
> 无论是VUE Vlog App，还是其他短视频剪辑App，在添加视频素材时都会根据选择的先后顺序添加。虽然后期可以在剪辑界面调整素材的顺序，但这会使操作更麻烦，因此添加素材时应尽量按顺序选择。

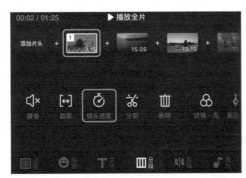

图3-19

步骤04 自动进入"分段"编辑状态，选择第1个视频素材，点击"镜头速度"按钮🕐，如图3-20所示。

图3-20

步骤05 在显示的界面中选择"0.25×"选项，点击 ← 分段编辑 按钮，如图3-21所示。

图3-21

步骤06 选择第2个视频素材，再次点击"镜头速度"按钮🕐，如图3-22所示。

图3-22

步骤07 在显示的界面中选择"0.5×"选项，点击 ← 分段编辑 按钮，如图3-23所示。

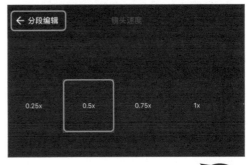

图3-23

步骤08 按相同方法依次将其余视频素材的镜头速度调整为"0.5×"，如图3-24所示。

图3-24

图3-26

步骤03 选择第2个视频素材，将其长度调整为"5.0s"，然后拖曳视频素材，将需要的内容移至黄色框内，点击 下一段 按钮，如图3-27所示。

活动2 裁剪并设置画面

调整视频素材的播放速度后，短视频的时长有所增加，小艾接下来将裁剪多余的视频内容，同时调整短视频的画幅参数，使画面更具质感，具体操作如下。

微课：裁剪并设置画面

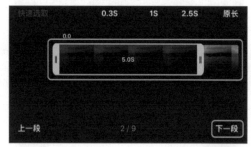

图3-27

步骤01 选择第1个视频素材，点击"截取"按钮 ，如图3-25所示。

步骤04 按相同方法依次截取其他视频素材的内容，其中第3~8个视频素材的时长调整为"5.0s"，第9个视频素材的时长调整为"10.0s"，最后点击"确定"按钮 ☑，如图3-28所示。

图3-25

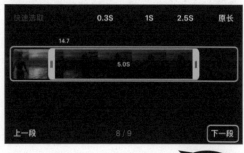

步骤02 在显示的界面中拖曳黄色控制条将视频素材的长度调整为"12.0s"，然后拖曳视频素材，将需要的内容移至黄色框内，点击 下一段 按钮，如图3-26所示。

图3-28(a)

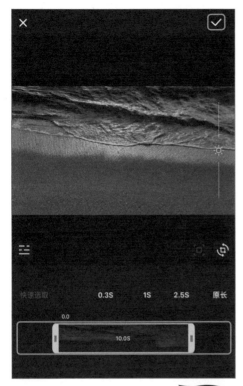

图3-28(b)

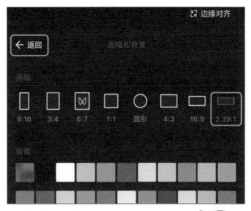

图3-30

步骤05 点击视频区左上方的 ▣画幅 按钮，如图3-29所示。

图3-29

步骤06 在显示的界面中选择"2.39:1"选项，点击 ←返回 按钮，如图3-30所示。

➡️ **活动3 美化视频并添加转场效果**

拍摄时不同光线会导致不同画面的色调有所差别。小艾接下来将重点美化视频画面，然后为各视频素材之间添加转场效果，具体操作如下。

微课：美化视频并添加转场效果

步骤01 选择第3个视频素材，点击"画面调节"按钮 ↓↑，如图3-31所示。

图3-31

步骤02 在显示的"画面调节"界面中拖曳各参数的控制点，调整画面的亮度、对比度、饱和度、色温和锐度等，完成后点击 ←分段编辑 按钮，如图3-32所示。

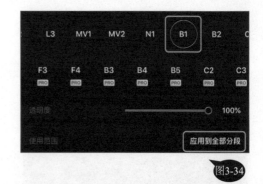

图3-34

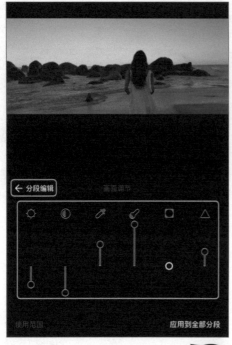

图3-32

图3-35

步骤03 保持第3个视频素材的选择状态，点击"滤镜-无"按钮，如图3-33所示。

步骤06 点击第3个视频素材左侧的"添加转场"按钮➕，在显示的界面中点击"转场效果"按钮▣，如图3-36所示。

图3-33

步骤04 在显示的"滤镜"界面中选择"B1"选项，点击 应用到全部分段 按钮，如图3-34所示。

步骤05 在弹出的菜单中选择"应用到全部分段"命令，点击 ← 分段编辑 按钮，如图3-35所示。

图3-36

步骤07 在显示的"添加分段/转场效果"界面中点击"叠黑"按钮▣，并继续点击出现的"编辑"按钮✐，如图3-37所示。

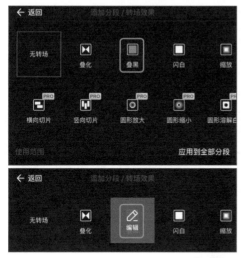

图3-37

步骤08 在显示的界面中选择"慢"选项，点击 ← 添加分段/转场效果 按钮，如图3-38所示。

图3-38

步骤09 返回"添加分段/转场效果"界面，点击 应用到全部分段 按钮，如图3-39所示。

图3-39

步骤10 在弹出的菜单中选择"应用到全部分段"命令，点击 ← 返回 按钮，如图3-40所示。

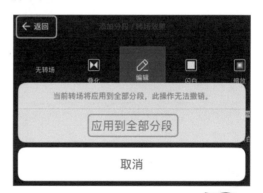

图3-40

➡ 活动4 添加边框和文字对象

处理完视频内容后，小艾接下来需要为Vlog短视频添加边框和文字对象，具体操作如下。

微课：添加边框和文字对象

步骤01 点击工具栏中的"边框"按钮▣，选择图3-41所示的边框效果。

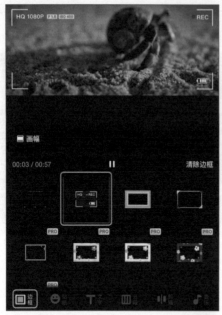

图3-41

步骤02 点击"文字"按钮**T**，选择第1个视频素材，然后点击"大字"按钮**T**，如图3-42所示。

图3-42

步骤03 在显示的界面中选择图3-43所示的大字效果，然后点击"文悦后现代体"下拉按钮。

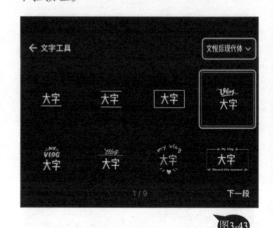

图3-43

步骤04 在弹出的下拉列表中选择"默陌专辑手写体"选项，如图3-44所示。

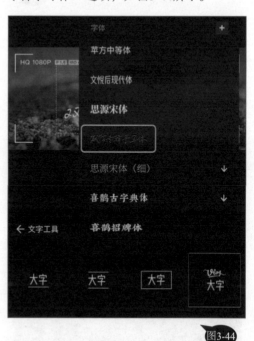

图3-44

步骤05 在视频区中双击添加文字，如图3-45所示。

图3-45

步骤06 在显示的"编辑文字"界面中输入"夕阳下的海滩",点击"确定"按钮 ,如图3-46所示。

图3-46

步骤07 在视频区中拖曳大字可调整其位置,用两指进行划开或收拢操作可放大或缩小文字,调整完成后点击 按钮,如图3-47所示。

图3-47

步骤08 在当前界面中选择第2个视频素材,点击"时间地点"按钮 ,如图3-48所示。

图3-48

步骤09 在显示的界面中选择图3-49所示的时间地点效果,然后点击视频区中所添加的时间地点对象右下角的"时间"按钮 ◎。

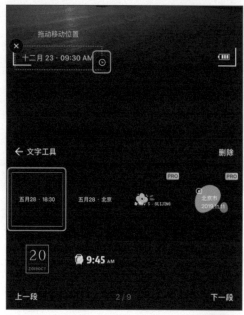

图3-49

步骤10 在显示的界面中调整日期和时间，然后点击 完成 按钮，如图3-50所示。

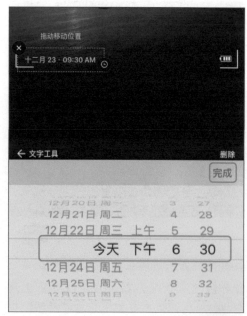

图3-50

步骤11 根据需要调整日期和时间的位置，完成后点击 ← 文字工具 按钮，如图3-51所示。

图3-51

步骤12 选择第3个视频素材，点击"字幕"按钮 ▤，如图3-52所示。

图3-52

步骤13 按住 长按加字 按钮不放，此时将在时间轴定位器所在位置添加字幕，如图3-53所示。字幕显示时长与按住按钮的时长一致。

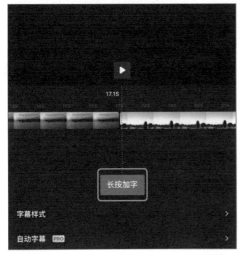

图3-53

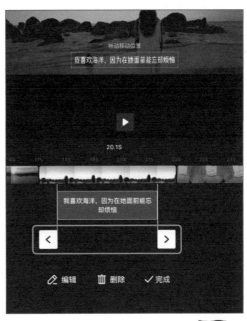

图3-55

步骤14 释放按钮，在显示的界面中输入需要的字幕内容，然后点击"确定"按钮☑，如图3-54所示。

步骤16 点击字幕以外的空白区域，取消字幕的选择状态，然后选择下方的"字幕样式"选项，如图3-56所示。

图3-54

图3-56

步骤15 拖曳字幕下方的两个控制点，精确调整字幕的时长和其在时间轴上的位置，如图3-55所示。

步骤17 在显示的界面中设置字幕样式、字号和字体，然后点击 ← 字幕 按钮，如图3-57所示。

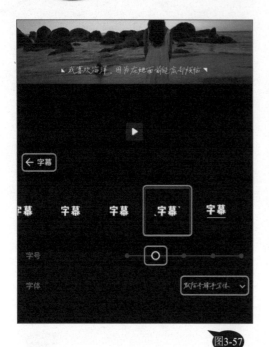

图3-57

步骤18 拖曳视频调整时间轴定位器的位置，将该位置确定为需要添加字幕的位置，然后长按 长按加字 按钮，如图3-58所示。

图3-58

步骤19 释放按钮，在显示的界面中输入需要的字幕内容，然后点击"确定"按钮 ，如图3-59所示。

所有烦恼都会被冲走，不留痕迹

图3-59

步骤20 拖曳字幕下方的两个控制点，精确调整字幕的时长和其在时间轴上的位置，如图3-60所示。

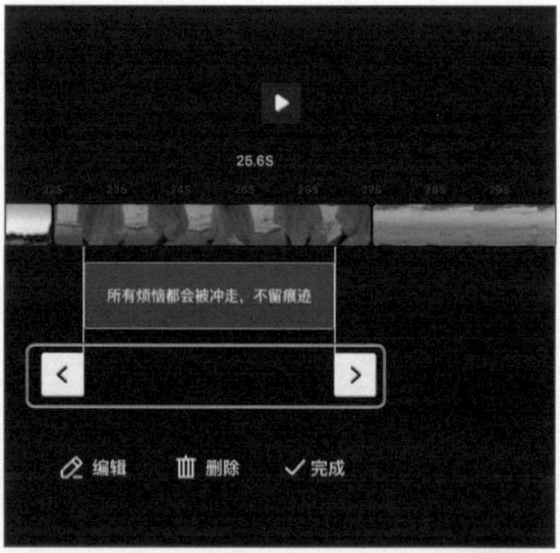

所有烦恼都会被冲走，不留痕迹

✎ 编辑　🗑 删除　✓ 完成

图3-60

步骤21 按相同方法为其他视频素材添加合适的字幕，如图3-61所示。

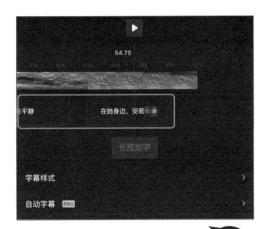

图3-61

别对应的缩略图，如图3-63所示。

图3-63

✎ **经验之谈**

　　完成字幕的添加操作后，可点击界面左上角的"返回"按钮 ＜，退出字幕编辑状态。

➡ **活动5　添加并设置音乐**

　　为了让Vlog短视频符合唯美的风格设定，小艾为短视频添加了合适的背景音乐并对音乐进行了设置，具体操作如下。

微课：添加并设置音乐

步骤01　点击"音乐"按钮 ♫，然后选择"点击添加音乐"选项，如图3-62所示。

图3-62

步骤02　在显示的界面中点击"清新"类

步骤03　显示清新类音乐的界面，选择某一首音乐试听，如果该音乐符合预期，则点击其右侧对应的 使用 按钮，如图3-64所示。

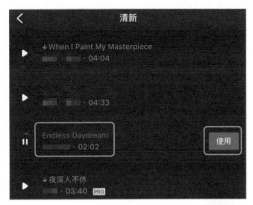

图3-64

步骤04　将时间轴定位器调整到音乐素材刚出现波形的位置，点击"分割"按钮 ✂，如图3-65所示。

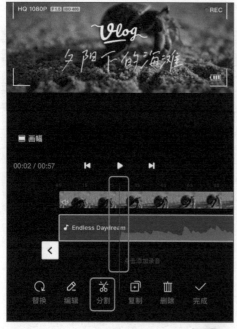

图3-65

步骤05 选择分割出的左侧的音乐素材，点击"删除"按钮🔟将其删除，如图3-66所示。

图3-66

步骤06 在弹出的菜单中选择"删除"命令，如图3-67所示。

步骤07 长按剩余的音乐素材，然后将其移至时间轴最左端，如图3-68所示。

图3-67

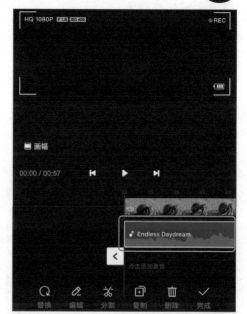

图3-68

步骤08 拖曳音乐素材最右侧下方的控制点，将其最右端与视频素材的最右端对齐，然后点击"编辑"按钮✐，如图3-69所示。

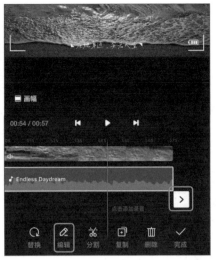

图3-69

步骤09 在显示的界面中开启淡入和淡出效果，点击 ← 返回 按钮，如图3-70所示。

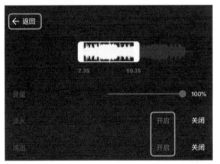

图3-70

→ 活动6 设置并发布短视频

完成短视频的剪辑操作后，小艾预览了几遍短视频，确认无误后就准备将短视频发布到VUE Vlog社区，具体操作如下。

微课：设置并发布短视频

步骤01 点击界面右上角的 下一步 > 按钮，如图3-71所示。

步骤02 在显示的界面中输入Vlog的标题和描述，完成后点击 保存并发布 按钮，如图3-72所示。

图3-71

图3-72

步骤03 开始保存短视频并显示保存进度，如图3-73所示。

图3-73

步骤04 保存完成后将开始发布短视频并显示发布进度，如图3-74所示。

图3-74

图3-75

步骤05 发布完成后即可观看发布的短视频，如图3-75所示（配套资源：效果\项目三\夕阳下的海滩VUE Vlog版.mp4）。

同步实训——制作"冬日旅行"短视频

本次实训要求制作"冬日旅行"短视频，通过视频记录的方式，将冬天的一次外出旅行拍摄的画面制作成Vlog短视频，并发布在VUE Vlog社区上。同学们可以邀请家人、朋友或同学结伴而行并组成短视频拍摄团队，明确分工（摄影、出镜演绎等），最后将拍摄出的视频素材通过VUE Vlog App剪辑成一个不错的Vlog短视频。图3-76所示为"冬日旅行"短视频参考效果。

图3-76

表3-2所示为"冬日旅行"短视频分镜头脚本，同学们可以参考此分镜头脚本进行拍摄，也可以在此基础上自由发挥，或者完全按自己的想法进行全新创作。

表 3-2 "冬日旅行"短视频分镜头脚本

分镜	景别	镜头	画面	时长 / 秒
1	近景转全景	拉镜头	展现能够代表冬季特色的景物，如雪景、梅花等，通过近距离拍摄并使用拉镜头逐渐展现全景	8
2	中景	摇镜头	从低到高仰拍冬日里的建筑物或树木等高大的景物	5
3	全景	固定镜头	聚焦上一个镜头的景物，拍摄全景画面，突出冬日的宁静	5
4	中景	跟镜头	从背后跟随模特儿拍摄其在冬日里行走的画面	5
5	近景	推镜头	模特儿在某个位置停下后，镜头从背后逐渐推近	5
6	特写	固定镜头	特写拍摄模特儿看着远方的双眼	5
7	全景	摇镜头	拍摄模特儿所注视方向的景物	5
8	全景	跟镜头	侧面跟随模特儿拍摄其在另一个地点行走的画面	5
9	中景	跟镜头	在另一个侧面继续拍摄模特儿行走的画面	5
10	近景转全景	拉镜头	正面拍摄模特儿向镜头打招呼或做的一些感受冬日美好的动作，然后镜头逐渐拉远展现全景	8

短视频成片总时长：56秒

项目小结

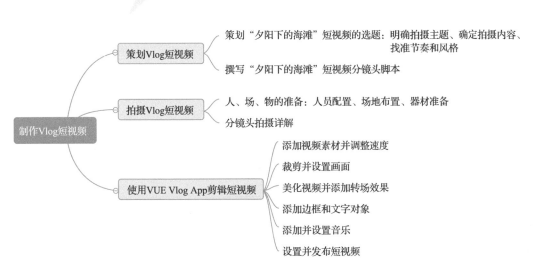

项目四 制作美食短视频

4

制作Vlog短视频后，公司领导要求小艾再制作一个美食短视频。通过对美食类短视频的分析，小艾发现这类短视频的创作自由度较高，有的作品没有刻意布置的环境，没有高超的运镜，没有精美的剪辑，但同样能成为热门短视频；有的作品却通过精致的画面风格搭配唯美的运镜和治愈系的音乐，收获了大量的粉丝……小艾决定用心制作一个美食短视频。

知识目标

- 了解美食短视频的基本拍摄方法。
- 了解Premiere的操作界面。

技能目标

- 掌握Premiere的使用方法。
- 能够使用数码相机拍摄质量较高的美食短视频。

素养目标

- 通过制作美食体会食材的来之不易，培养勤俭节约的良好习惯。
- 通过编辑大量不同种类的短视频素材，培养精益求精、坚持不懈的工作态度。

任务一　策划美食短视频

任务描述

经过反复权衡，考虑到自身水平和团队条件等因素，小艾决定策划一条温馨的、充满家庭气息的美食短视频，主题是制作一道家常味的麻婆豆腐。如何体现出美食制作的过程，形成自己的风格，是小艾在前期策划要重点考虑的问题。

任务实施

➡ 活动1　策划"麻婆豆腐"短视频的选题

麻婆豆腐是一道经典美食，但无论是在餐馆还是在家中，其烹饪方法都不完全相同。小艾综合了各方面的情况后，进行了短视频选题策划，具体步骤如下。

第一步　明确拍摄类型

目前各大短视频平台的美食创作者很多，他们的作品内容和风格各不相同。小艾观看了大量以美食制作为主要内容的短视频后，发现这些短视频大致可以分为4类：以专业身份在专业环境下教授烹饪美食的方法；以独特的叙事风格、高超的运镜技术，以及独具风格的剪辑手法向用户分享美食制作过程；以极具烟火气的环境和"唠家常"式的对话为用户展现美食的制作过程；从美食爱好者的角度向用户展现家庭烹饪的过程。

这几类美食制作的短视频各有特点，小艾考虑了自己的实际情况后，决定从家庭烹饪的角度来制作此次短视频，一方面可以体验美食短视频的制作过程，另一方面也能够从中找到不足，为以后改进短视

频积累宝贵的经验。

第二步　规划拍摄内容

既然是家庭烹饪，小艾就决定将短视频制作得简单明了，让用户观看后可以轻松上手。她将短视频的内容划分为4个环节，如图4-1所示。

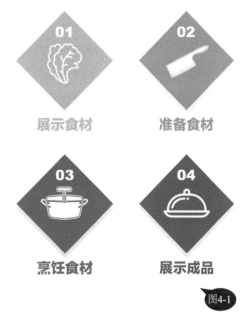

图4-1

01 展示食材

02 准备食材

03 烹饪食材

04 展示成品

第三步　确定拍摄风格

为了与其他家庭烹饪短视频"一镜到

底"或镜头类型单一的情况相区别，小艾决定采用多个镜头来表现各个烹饪环节，并特别注意画面切换的衔接情况，使烹饪动作看上去流畅自然，形成自己特有的风格。

➡️ **活动2 撰写"麻婆豆腐"短视频分镜头脚本**

根据前期的策划，小艾逐步细化了拍摄内容，并撰写了分镜头脚本，具体如表4-1所示。

表4-1 "麻婆豆腐"短视频分镜头脚本

分镜	景别	镜头	画面	时长/秒
1	近景	移镜头	通过3个机位展示主要食材	5
2	近景	固定镜头	通过2个机位展示将豆腐分层的画面	6
3	近景	固定镜头	通过2个机位展示将豆腐切块的画面	5
4	近景	固定镜头	展示将豆腐块装入盛满清水的容器中的画面	1
5	近景	固定镜头	通过2个机位展示将肉切片的画面	7
6	近景	固定镜头	通过2个机位展示将肉剁碎的画面	4
7	近景	固定镜头	通过2个机位展示将肉末放入碗中的画面	2
8	近景	固定镜头	通过2个机位展示把姜和蒜拍碎并剁细的画面	6
9	近景	固定镜头	通过2个机位展示把姜蒜末放入碗中的画面	1
10	近景	固定镜头	通过2个机位展示将蒜苗切碎的画面	3
11	近景	固定镜头	展示将盐放入锅中的画面	4
12	近景	固定镜头	展示水沸腾后将豆腐块连同水倒入容器中的画面	4
13	近景	固定镜头	展示将肉末放入锅中翻炒的画面	5
14	近景	固定镜头	展示把姜蒜末放入锅中一起翻炒的画面	8
15	近景	固定镜头	展示往锅中放入豆瓣酱并翻炒的画面	8
16	近景	固定镜头	展示往锅中放入辣椒粉并翻炒的画面	5
17	近景	固定镜头	展示往锅中加入清水并通过多个镜头展示往锅中放入各种调料的画面	6
18	近景	固定镜头	展示往锅中放入豆腐块的画面	3
19	近景	多镜头	通过2个镜头分别展示将芡粉放入碗中和调芡汁的画面	4
20	近景	多镜头	通过多个镜头展示往锅中倒入芡汁的画面	6
21	近景	固定镜头	展示将菜品倒入碗中的画面	3
22	近景	多镜头	通过2个镜头展示往菜品中添加辅料的画面	5
23	近景	多镜头	通过多个镜头展示成品	8

短视频成片总时长（未包含片头片尾）：1分49秒

任务二 拍摄美食短视频

任务描述

确定了分镜头脚本后，小艾开始着手拍摄事宜。由于这次拍摄属于室内拍摄，因此小艾将面临各种新的考验。

任务实施

➡ 活动1 人、场、物的准备

小艾决定在室内拍摄美食短视频，她根据室内的拍摄环境对人、场、物做了有针对性的准备，具体步骤如下。

第一步 人员配置

如果按照网络上大多数家庭烹饪的拍摄方式，小艾一个人就能完成拍摄任务，但为了拍摄出高质量的画面，小艾让同事小美负责烹饪，自己负责拍摄，两个人合作完成此次任务。

第二步 场地布置

与小美商量后，小艾选择自己家里作为拍摄场地，并精心准备了一套蓝色花纹餐具，以便呈现更好的拍摄效果。至于其他物品，小艾认为应当尽量避免它们出现在画面中，确保画面简洁。

第三步 器材准备

小艾觉得厨房的照明条件还不错，因此不需要额外布光。至于拍摄器材，她选择的是数码相机，力求提升短视频画面的清晰度，这样才能更好地表现美食的诱惑力。

➡ 活动2 分镜头拍摄详解

准备就绪后，小艾和小美按照分镜头脚本开始拍摄工作，具体步骤如下。

步骤01 将主要食材和工具摆放在一起，通过俯拍和不同机位的近距离移镜头拍摄，多角度展现食材情况，如图4-2所示。

图4-2

步骤02 将豆腐放到砧板上，通过俯拍和正面拍摄两个机位展现用菜刀将豆腐分层的过程，如图4-3所示。

图4-3

步骤03 整理好分层的豆腐，然后通过俯拍和正面拍摄两个机位展现将豆腐切块的过程，如图4-4所示。

图4-4

步骤04 使用固定镜头近距离拍摄将切好的豆腐块放入装有清水的容器中的过程，如图4-5所示。

图4-5

步骤05 将肉放上砧板，同样通过俯拍和正面拍摄的方式，多角度展示切肉的过程（后期剪辑时尽量保证两个画面之间的连续性），如图4-6所示。

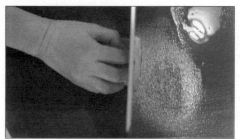

图4-6

步骤06 通过俯拍和正面拍摄的方式，展示将肉剁碎的过程，如图4-7所示。

步骤07 整理好肉末，通过俯拍和正面拍摄的方式，多角度展示将肉末放入碗中的过程（后期剪辑时同样需要注意两个画面之间的连续性），如图4-8所示。

图4-7

图4-9

图4-8

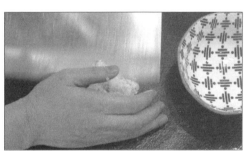

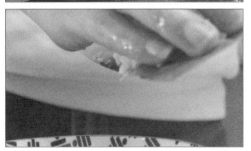

图4-10

步骤08 俯拍把姜蒜拍碎并剁细的画面，然后以正面拍摄的方式继续拍摄剁细的过程，如图4-9所示。

步骤09 整理好姜蒜末，通过俯拍和正面拍摄的方式，多角度展示将其放入碗中的过程，如图4-10所示。

步骤10 准备好蒜苗，通过俯拍和正面拍摄的方式，多角度展示将蒜苗切碎的过程，如图4-11所示。

步骤11 拍摄往锅中放入盐的过程，如图4-12所示。

图4-13

图4-11

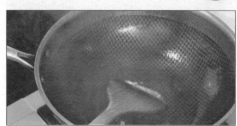

图4-14

图4-12

图4-15

经验之谈

　　如果拍摄环境中的噪声较小，视频中可以直接使用拍摄过程中收录的声音，否则还需要单独收录各种烹饪特有的声音，如剁菜声、锅里水沸腾的声音、炒菜时油水混合发出的"滋啦"声等，以增强短视频的氛围感。

步骤15　　拍摄将豆瓣酱倒入锅中并翻炒的过程，如图4-16所示。

图4-16

步骤12　　拍摄水沸腾后将豆腐块连同水倒入容器中的过程，如图4-13所示。

步骤13　　拍摄锅中油温合适时将肉末倒入锅中并翻炒的过程，如图4-14所示。

步骤14　　拍摄将姜蒜末倒入锅中并翻炒的过程，如图4-15所示。

步骤16　　拍摄将辣椒粉倒入锅中并翻炒的过程，如图4-17所示。

图4-17

图4-19

步骤17 往锅中加入适量清水，使用多个镜头拍摄将各种调料放入锅中的过程（后期剪辑时这几个镜头在节奏和衔接上要紧凑一些），如图4-18所示。

图4-18

步骤18 待锅中水沸腾后，拍摄将焯过水的豆腐块倒入锅中的过程，如图4-19所示。

步骤19 待锅中豆腐块正在烧制的时候，使用两个镜头分别拍摄将芡粉放入碗中和将碗中芡粉调成芡汁的过程（后期将这两个镜头剪辑在一起，并确保衔接紧密），如图4-20所示。

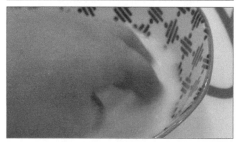

图4-20

步骤20 使用多个镜头拍摄将芡汁分3次倒入锅中并搅拌的过程，如图4-21所示。

步骤21 拍摄将烹饪好的豆腐倒入碗中的过程，如图4-22所示。

步骤22 拍摄依次往豆腐中放入花椒粉和蒜苗碎的过程，如图4-23所示。

步骤23 通过俯拍、旋转拍摄、推镜头等方式，用多个画面呈现菜品效果，如图4-24所示。

图4-22

图4-21

图4-23

图4-24

任务三 | 使用Premiere剪辑短视频

任务描述

　　小艾将拍摄的视频素材通过数码相机的数据线传输到计算机上，准备利用Premiere剪辑短视频。在剪辑过程中，要控制短视频的整体时长，并使各段视频素材的画面衔接自然，然后适当调整画面色彩，最后导入录制的旁白和轻快的背景音乐，并根据旁白为短视频添加字幕。最终制作好的短视频效果如图4-25所示。

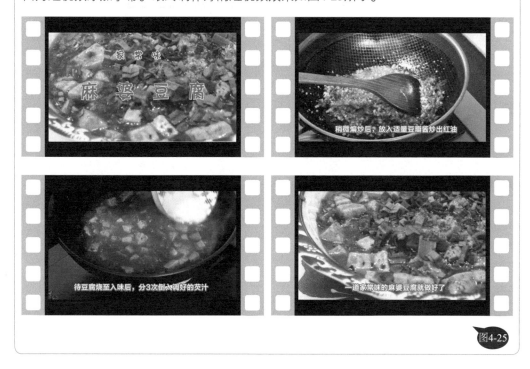

图4-25

知识窗

　　Premiere是由Adobe公司开发的一款视频编辑软件。它提供了采集、剪辑、调色、美化音频、添加字幕、动画制作、输出等功能，被广泛运用于电视节目、广告和短视频等领域，是剪辑短视频的有效工具。

　　Premicre默认的操作界面包括"源"面板、"节目"面板、"项目"面板、"时间轴"面板，如图4-26所示。其中，在"源"面板中可以预览素材；在"节目"面板中可以预览剪辑效果；在"项目"面板中可以管理素材；在"时间轴"面板中可以剪辑素材。

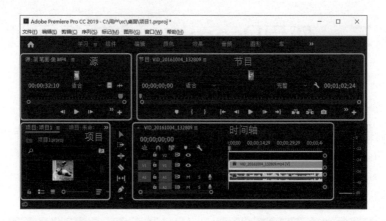

任务实施

➡ 活动1　建立Premiere项目

小艾提前将Premiere安装到了计算机上，然后将把数码相机中拍摄的视频文件导入计算机中，再启动Premiere，建立项目并导入素材，具体操作如下。

微课：建立
Premiere项目

步骤01　拿出数码相机的数据线，将数据线的数据端口连接到数码相机上的数据插口，将数据线的USB端口连接到计算机上的USB插口，如图4-27所示。

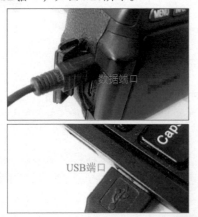

图4-27

步骤02　打开数码相机的电源开关，此时计算机将通过数据线识别数码相机中的素材，并自动打开"导入项目"界面，单击"更改目标"超链接，如图4-28所示。

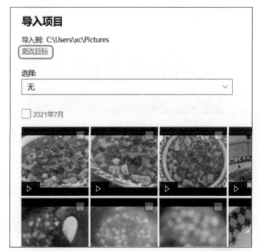

步骤03　打开"选择文件夹"对话框，在其中自行选择视频文件导入后保存的文件夹，然后单击 将此文件夹添加到 图片 按钮，如图4-29所示。

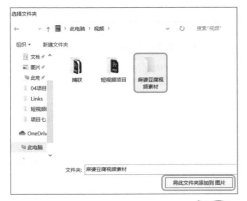

图4-29

步骤04 返回"导入项目"界面，勾选需要导入的视频文件对应的复选框，然后单击 导入 41 项(共 47 项) 按钮，如图4-30所示。

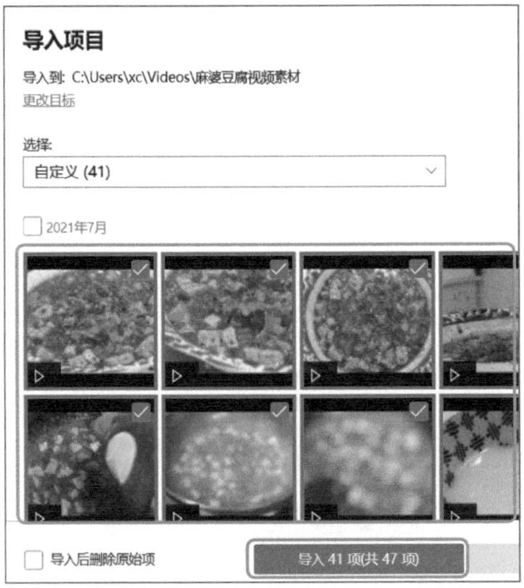

图4-30

步骤05 计算机开始导入所选的视频文件，并显示导入进度，如图4-31所示。

正在导入

Canon Inc.

已导入 2 个项目，共 41 个项目。

图4-31

步骤06 导入完毕，在对话框中单击 确定 按钮，如图4-32所示，然后关闭数码相机的电源开关并拔掉数据线。

导入完毕

41 项目已成功导入照片并保存到：

C:\Users\xc\Videos\麻婆豆腐视频素材

确定

图4-32

步骤07 单击计算机桌面左下角的"开始"按钮⊞，在弹出的"开始"菜单中选择"Adobe Premiere Pro CC 2019"命令启动Premiere，如图4-33所示。

图4-33

步骤08 在Premiere的操作界面中选择【文件】/【新建】/【项目】命令，如图4-34所示，或直接按【Ctrl+Alt+N】组合键。

图4-34

步骤09 打开"新建项目"对话框，在"名称"文本框中输入"麻婆豆腐"，单击 浏览 按钮，如图4-35所示。

图4-35

步骤10 打开"请选择新项目的目标路径"对话框，重新设置项目的保存位置，这里选择"短视频项目"文件夹，单击 选择文件夹 按钮，如图4-36所示。

图4-36

步骤11 返回"新建项目"对话框，单击底部的 确定 按钮，如图4-37所示。

图4-37

步骤12 在Premiere的"项目"面板的"导入媒体以开始"区域右击，在弹出的快捷菜单中选择"导入"命令，如图4-38所示。

图4-38

步骤13 打开"导入"对话框，打开保存视频素材的文件夹，按【Ctrl+A】组合键全选素材[配套资源：素材\项目四\麻婆豆腐(1).mov~麻婆豆腐(41).mov]，单击 打开(O) 按钮，如图4-39所示。

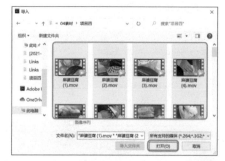

图4-39

步骤14 此时所选视频素材将导入"项目"面板中，如图4-40所示。

图4-40

→ 活动2 剪辑视频素材

准备工作做好后，小艾接下来将对视频素材进行剪辑处理，具体操作如下。

微课：剪辑视频素材

步骤01 在"项目"面板中找到并选择"麻婆豆腐(1).mov"视频素材，在其上按住鼠标左键不放，将其拖曳到右侧的"时间轴"面板中，如图4-41所示。

图4-41

步骤02 此时Premiere会根据添加的视频素材的名称自动建立相同名称的序列（Premiere的一个项目中可以包含多个序列，在每个序列中可以独立进行短视频的剪辑操作），如图4-42所示。

图4-42

📝 经验之谈

在Premiere中若要设置短视频的画面尺寸，可选择【序列】/【序列设置】命令，在打开的对话框中指定画面在水平和垂直方向的帧大小。

步骤03 在"项目"面板的序列缩略图上右击，在弹出的快捷菜单中选择"重命名"命令，如图4-43所示。

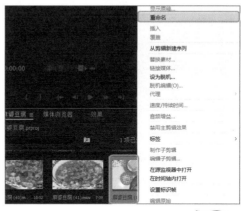

图4-43

步骤04 在"项目"面板中将序列名称重新设置为"麻婆豆腐短视频"，按【Enter】键确认，如图4-44所示。

图4-44

步骤05 向左拖曳"时间轴"面板下方右侧的圆形滑块，放大时间轴的显示比例，如图4-45所示。

图4-45

步骤06 将光标移至视频素材左端，当出现▶形状时，按住鼠标左键不放向右拖曳，裁剪视频素材，从而重新设定该段素材的开始位置，如图4-46所示。

图4-46

步骤07 按相同方法将光标移至视频素材右端，当出现◀形状时，按住鼠标左键不放向左拖曳，裁剪视频素材，从而重新设定该段视频素材的结束位置，如图4-47所示。

图4-47

✎ **经验之谈**

若要分割视频素材，可拖曳蓝色的时间轴滑块至目标位置，按【Ctrl+K】组合键；若要删除音频内容，可在视频素材上右击，在弹出的快捷菜单中选择"取消链接"命令，然后单独选择音频部分，按【Delete】键删除。

步骤08 将视频素材裁剪为3秒，然后拖曳该素材至时间轴的左端，如图4-48所示。

图4-48

步骤09 将"麻婆豆腐(2).mov"视频素材拖曳到时间轴上，通过裁剪的方法保留1秒的画面，并将裁剪后的视频素材拖曳到前一个视频素材后面，如图4-49所示。

图4-49

步骤10 按相同方法依次添加并裁剪其他视频素材，重点注意画面衔接是否自然顺畅。可参考提供的项目文件（配套资源：效果\项目四\麻婆豆腐.prproj）决定各视频素材的裁剪情况和时间长度，如图4-50所示。

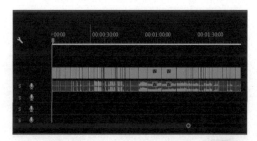

图4-50

🎖 **素养提升小课堂**

部分美食短视频创作者为了使内容呈现出最完美的状态，会反复使用食材多次拍摄，造成资源浪费，这是不提倡的。节约粮食是每一个有素质的现代人应具备的品质。

活动3 设置短视频颜色和效果

为了提升短视频的质量，小艾需要对短视频的颜色和效果进行适当调整。由于视频素材数量较多，因此小艾通过调整图层来快速设置，具体操作如下。

微课：设置短视频颜色和效果

步骤01 在"项目"面板右下角单击"新建项目"按钮，在弹出的菜单中选择"调整图层"命令，如图4-51所示。

图4-51

步骤02 打开"调整图层"对话框，已根据序列的基本情况自动设置图层参数，这里直接单击 确定 按钮，无须重新设置，如图4-52所示。

图4-52

步骤03 在"项目"面板中添加的调整图层上右击，在弹出的快捷菜单中选择"重命名"命令，如图4-53所示。

图4-53

步骤04 在"项目"面板中将项目名称修改为"画面颜色调整"，按【Enter】键确认修改，如图4-54所示。

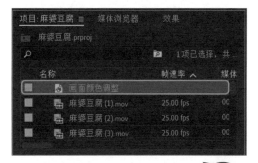

图4-54

步骤05 将"画面颜色调整"项目从"项目"面板中拖曳到"时间轴"面板中的"V1"轨道上，如图4-55所示。

图4-55

步骤06 将"画面颜色调整"图层视频素材的长度拖曳到与下方所有视频素材长度的总和相等之处，如图4-56所示。

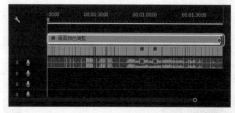

图4-56

步骤07 选择"画面颜色调整"图层素材，单击Premiere操作界面上方中间的"颜色"选项卡，在"Lumetri颜色"面板中选择"基本校正"选项将其展开，然后在"白平衡"栏中单击"色温"参数右侧对应的值，在出现的文本框中输入"20"，如图4-57所示。

图4-57

步骤08 按相同方法依次将"色调"栏中的"曝光""对比度""高光""阴影""白色""黑色""饱和度"参数的值分别设置为"1.0""20.0""-50.0""-50.0""5.0""-10.0""120.0"，如图4-58所示。

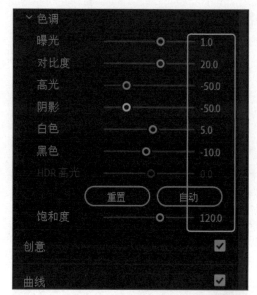

图4-58

步骤09 单击Premiere操作界面上方中间的"效果"选项卡，在"效果"面板中通过双击依次展开"视频效果"选项和"调整"选项，如图4-59所示。

图4-59

步骤10 选择"调整"栏下的"色阶"选项，将其拖曳到时间轴上的"画面颜色调整"图层视频素材上，如图4-60所示。

图4-60

步骤11 在"效果控件"面板中将出现"色阶"效果,展开该效果选项,将"(RGB)输入黑色阶"参数的值设置为"10",如图4-61所示。

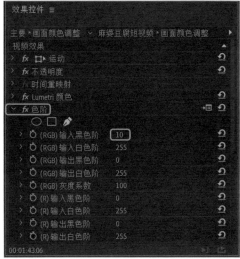

图4-61

➡ 活动4 添加并设置字幕

字幕是美食短视频的重要元素。当需要为短视频添加旁白解说时,也需要呈现相应的字幕以让用户更清楚解说的内容。小艾为每个画面添加并设置了字幕,具体操作如下。

微课:添加并设置字幕

步骤01 单击Premiere操作界面上方中间的"编辑"选项卡,然后单击"时间轴"面板左侧工具箱中的"文字工具"按钮**T**,并将时间轴滑块拖曳至时间轴的左端,如图4-62所示。

图4-62

步骤02 在"节目"面板中的适当位置单击,输入需要的字幕内容,如图4-63所示。

图4-63

步骤03 在"时间轴"面板中将添加的字幕的时间长度调整为4秒10帧,如图4-64所示。

图4-64

步骤04 确保时间轴滑块的位置位于字幕区域，选择字幕。然后选择【窗口】/【效果控件】命令，打开"效果控件"面板，在"源文本"栏下的"字体"下拉列表中选择一种合适的中文字体，并将下方的字号大小设置为"70"，如图4-65所示。

图4-65

步骤05 勾选"外观"栏中的"描边"复选框，然后单击该参数对应的颜色块，如图4-66所示。

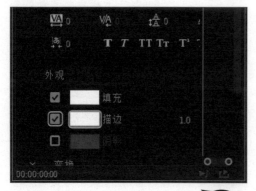

图4-66

步骤06 打开"拾色器"对话框，将"R""G""B"参数的值分别设置为"255""70""0"，单击 确定 按钮，如图4-67所示。

图4-67

步骤07 将描边粗细设置为"12.0"，并将字符间距设置为"50"，如图4-68所示。

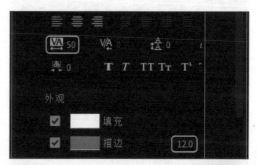

图4-68

步骤08 单击工具箱中的 按钮，在"节目"面板中拖曳字幕至画面下方中央，如图4-69所示。

图4-69

步骤09 将时间轴滑块拖曳至下一个字幕出现的位置，按住【Alt】键拖曳字幕至时间轴滑块处，释放完成复制字幕的操作，然后调整复制后的字幕的时间长度，如图4-70所示。

图4-70

步骤10 双击"节目"面板中的字幕，输入新的字幕内容，然后移动字幕，使其在水平方向上位于画面的中央，如图4-71所示。

图4-71

步骤11 按相同的方法为其他视频素材添加对应的字幕内容（配套资源：素材\项目四\麻婆豆腐字幕.txt），如图4-72所示。

图4-72

→ 活动5 制作动态片头和片尾

为了丰富短视频的效果，小艾决定利用Premiere的动画功能为短视频添加具有动态效果的片头和片尾，具体操作如下。

微课：制作动态片头和片尾

步骤01 选择时间轴上的所有视频素材对象，将其往右拖曳，为片头留出位置，如图4-73所示。

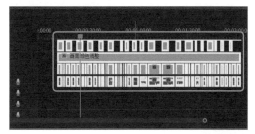

图4-73

步骤02 将时间轴滑块拖曳到最后一个视频素材的第1帧（可按【→】键和【←】键微调位置），定位到图4-74所示的画面。

图4-74

步骤03 单击"节目"面板下方工具栏中

的"导出帧"按钮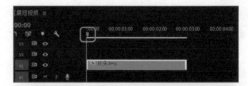，打开"导出帧"界面，在"名称"文本框中输入"片头"，勾选"导入到项目中"复选框，单击 **确定** 按钮，如图4-75所示。

图4-75

步骤04 从"项目"面板中将"片头.bmp"图片素材添加到时间轴上的"V1"轨道，并将时间长度调整为3秒，如图4-76所示。

图4-76

步骤05 将时间轴滑块拖曳到图片素材的左端，在"效果控件"面板中展开"运动"选项，分别单击"位置"参数和"缩放"参数左侧的"切换动画"图标，以插入位置和缩放关键帧（关键帧是添加动画的前提，插入关键帧后才可以设置动画并实现效果），如图4-77所示。

步骤06 将时间轴滑块拖曳到图片素材的右端（最后一帧），在"效果控件"面板中将"位置"参数的值设置为"1200.0"和"360.0"，将"缩放"参数的值设置为"150.0"，如图4-78所示。

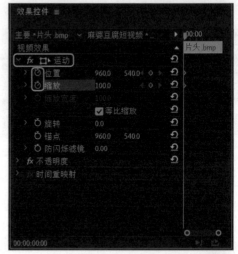

图4-77

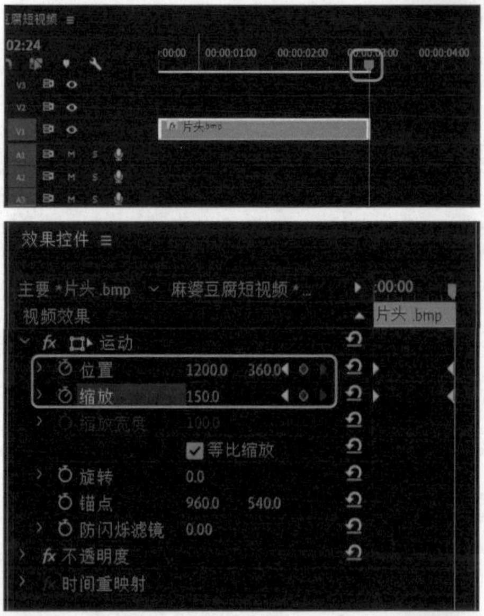

图4-78

步骤07 在"效果"面板中将"模糊与锐化"栏下的"相机模糊"效果添加到图片素材中，如图4-79所示。

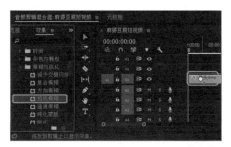

图4-79

步骤08 将时间轴滑块拖曳到图片素材左端，选择该图片素材，在"效果控件"面板中插入"百分比模糊"关键帧，将参数设置为"25"，如图4-80所示。

图4-80

步骤09 将时间轴滑块拖曳到图片素材2秒的位置，在"效果控件"面板中将"百分比模糊"参数的值修改为"0"，如图4-81所示。

步骤10 在"片头.bmp"图片素材上方添加"家常味"字幕，时间长度设置为3秒，然后设置字体为"FZkaTong-M19T"，将字号设置为"100"，将字符间距设置为"800"，将"R""G""B"参数的值分别设置为"0""90""200"，将填充颜色设置为"蓝色"，将描边颜色设置为"白色"，并将字幕移至画面上方中央。

上述操作和效果如图4-82所示。

图4-81

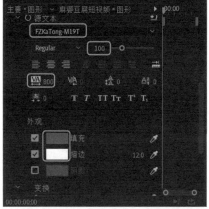

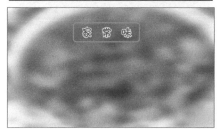

图4-82

步骤11 将时间轴滑块拖曳到字幕素材左端，选择该字幕素材，在"效果控件"面板中插入"缩放"关键帧和"不透明度"关键帧，将它们的参数均设置为"0.0"，如图4-83所示。

图4-83

步骤12 将时间轴滑块拖曳到字幕素材1秒的位置，在"效果控件"面板中将"缩放"关键帧和"不透明度"关键帧的参数均设置为"100.0"，如图4-84所示。

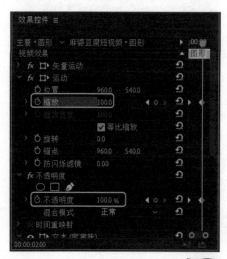

图4-84

步骤13 继续添加"麻婆豆腐"字幕，时间长度设置为2秒，将字幕右端与图片素材右端对齐。修改字幕的字号为"200"，将"R""G""B"参数的值分别设置为"255""70""0"，将填充颜色设置为"红色"，并将字幕移至画面中央。上述操作和效果如图4-85所示。

图4-85

✎ **经验之谈**

注意添加字幕时要使时间轴滑块位于空白区域，否则添加的字幕会整合到当前位置的字幕素材上。

步骤14 将时间轴滑块拖曳到时间轴的2秒处，选择"麻婆豆腐"字幕素材，在"效果控件"面板中插入"位置"关键帧，如图4-86所示。

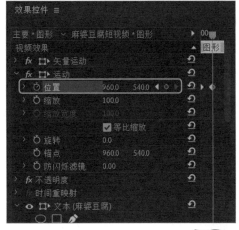

图4-86

步骤15 将时间轴滑块拖曳到时间轴的1秒处，在"效果控件"面板中将"位置"关键帧右侧参数的值设置为"1200.0"，如图4-87所示，表示该字幕的起始位置为画面外的下方。

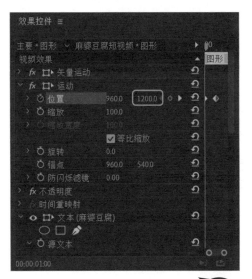

图4-87

步骤16 全选前面移动到后面的所有素材，将其重新与图片素材紧密连接起来（即不留空隙），然后在时间轴素材的结尾添加"喜欢这个视频请"字幕，将时间长度调整为4秒，将字号调整为"100"，将字符间距调整为"0"，移至画面上方中央，效果如图4-88所示。

图4-88

步骤17 按【Alt】键复制字幕，创建出"点赞""收藏""转发"3个字幕，字号调整为"150"。时间轴和画面上的位置设置为图4-89所示的效果。

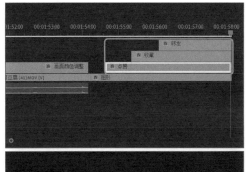

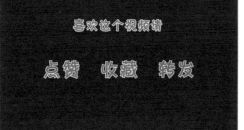

图4-89

步骤18 选择"点赞"字幕，将时间轴滑块定位到它的第1帧，在"效果控件"面板中插入"缩放"和"旋转"关键帧，并将参数均设置为"0.0"，如图4-90所示。

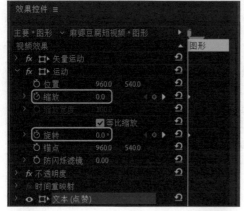

图4-90

步骤19 按5次【→】键前进5帧，在"效果控件"面板中将"缩放"和"旋转"参数的值分别设置为"100.0"和"360"，如图4-91所示。

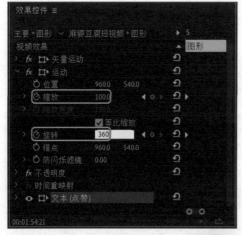

图4-91

步骤20 选择"收藏"字幕，将时间轴滑块定位到它的第1帧，在"效果控件"面板

中插入"缩放"和"旋转"关键帧，并将参数均设置为"0.0"，如图4-92所示。

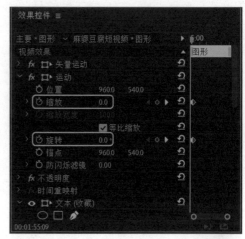

图4-92

步骤21 按5次【→】键前进5帧，在"效果控件"面板中将"缩放"和"旋转"参数的值分别设置为"100.0"和"1×0.0°"（"1×0.0°"即1圈，表示360°），如图4-93所示。

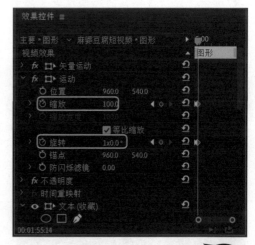

图4-93

步骤22 按相同方法设置"转发"字幕的动画效果，如图4-94所示。

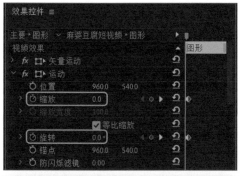

图4-94

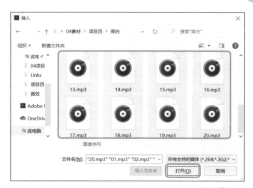

图4-95

图4-96

活动6 添加并设置音频

小艾借助话筒和计算机上的录音机程序完成了旁白的录制，现在她需要将旁白、背景音乐和音效等素材添加到短视频中，完成短视频音频部分的制作，具体操作如下。

微课：添加并
设置音频

步骤01 选择【文件】/【导入】命令或直接按【Ctrl+I】组合键，打开"导入"对话框，选择所有旁白录音文件（配套资源：素材\项目四\旁白\01.mp3~20.mp3），单击 打开(Q) 按钮，如图4-95所示。

步骤02 将"01.mp3"音频素材添加到时间轴的"A2"轨道上，根据字幕位置并结合画面来调整音频的位置，如图4-96所示。

步骤03 按相同方法依次将其他旁白素材添加到"A2"轨道上合适的位置，如图4-97所示。

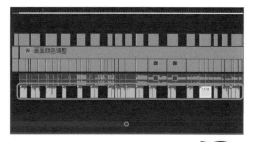

图4-97

步骤04 选择"A1"轨道上的所有音频，在其上右击，在弹出的快捷菜单中选择"音频增益"命令，如图4-98所示。

步骤05 打开"音频增益"对话框，选中"调整增益值"单选项，在右侧的文本框中输入"−20"，以适当降低视频素材的音量，单击 确定 按钮，如图4-99所示。

图4-98

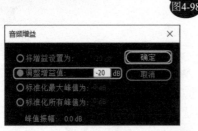

图4-99

步骤06 按【Ctrl+I】组合键再次打开"导入"对话框，按住【Ctrl】键选择"背景音乐.mp3"和"叮.wav"音频文件（配套资源：素材\项目四\背景音乐.mp3、叮.wav），单击 打开(O) 按钮，如图4-100所示。

图4-100

步骤07 将"叮.wav"素材添加到"A1"轨道上，左端与"点赞"字幕的左端对齐，如图4-101所示。

步骤08 按【Alt】键复制两个"叮.wav"音频素材，左端分别与"收藏"和"转

发"字幕的左端对齐，如图4-102所示。

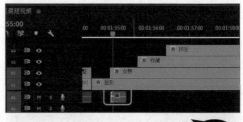

图4-101

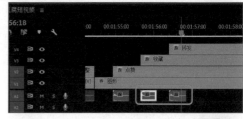

图4-102

步骤09 将"背景音乐.mp3"素材添加到"A3"轨道上，左端放置于开始处，右端裁剪为与字幕素材的右端对齐，如图4-103所示。

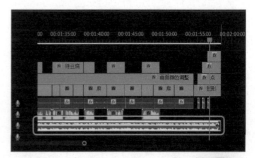

图4-103

→ **活动7 将短视频导出并发布到西瓜视频平台**

小艾预览了短视频并确认无误后，决定把短视频导出为mp4格式，然后发布到西瓜视频平台上，具体操作如下。

微课：将短视频导出并发布到西瓜视频平台

步骤01 选择【文件】/【导出】/【媒体】命令或直接按【Ctrl+M】组合键，打开"导出设置"界面，在"格式"下拉列表中选择"H.264"选项，在"预设"下拉列表中选择"匹配源 - 高比特率"选项，然后单击"输出名称"栏中的名称对象，如图4-104所示。

图4-104

步骤02 打开"另存为"对话框，在其中设置短视频的保存位置和名称，单击 保存(S) 按钮，如图4-105所示。

图4-105

步骤03 返回"导出设置"界面，其他参数保持默认状态，单击 导出 按钮，如图4-106所示。

图4-106

步骤04 Premiere开始导出短视频并显示进度，如图4-107所示。当该对话框自动消失时，Premiere便导出完成［配套资源：效果\项目四\麻婆豆腐短视频（pr版）.mp4］。

图4-107

步骤05 通过计算机上的浏览器进入并登录西瓜视频的官方网站，单击界面右上角的 ⊕发视频 按钮，如图4-108所示。

图4-108

步骤06 在显示的界面中单击图4-109所示的图标。

图4-109

步骤07 打开"打开"对话框，选择制作的短视频文件，单击 按钮，如图4-110所示。

图4-110

步骤08 短视频上传完成后，在"标题"文本框中输入标题内容，然后单击"上传封面"缩略图，如图4-111所示。

图4-111

步骤09 在打开的对话框中拖曳下方的滑块定位到需要的短视频画面，单击 下一步 按钮，如图4-112所示。

图4-112

步骤10 打开"封面编辑"界面，单击左侧的"滤镜"按钮🔗，选择"鲜艳"选项，并拖曳其中的滑块至最右端，将参数调整为"100%"，单击 确定 按钮，如图4-113所示。

图4-113

步骤11 打开提示对话框，单击 确定 按钮，如图4-114所示。

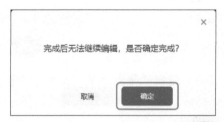

图4-114

步骤12 根据需要设置其他发布参数。这里直接单击 发布 按钮，如图4-115所示。

步骤13 此时已发布短视频到西瓜视频平台中等待审核。如果审核通过，其他用户就能够在该平台上观看这个短视频了，如图4-116所示。

图4-115

图4-116

✏️ **经验之谈**

各大短视频平台对短视频内容的审核都比较严格,不仅内容不能违反国家和平台的基本规定,而且创作者不能盗用他人的短视频,画面中不能出现隐含广告的内容,字幕中不能出现敏感词或违禁词,否则短视频将不能通过审核。

同步实训——制作"番茄炒蛋"短视频

番茄炒蛋是一道老少皆宜且制作简单的家常菜肴,本次实训将制作一个番茄炒蛋的美食短视频。

表4-2所示为该短视频的分镜头脚本,拍摄时可以以此为参考。可以选择智能手机为拍摄器材,然后将拍摄的视频素材利用数据线传输到计算机上,并使用Premiere剪辑视频素材,最后导出短视频,将其发布到西瓜视频平台上。

在拍摄和制作短视频时,要注意拍摄画面的转换以及动作的衔接应流畅自然,后期需要添加字幕、录制旁白,并添加背景音乐。另外,可以按照本项目的短视频对短视频的片头和片尾做类似处理。图4-117所示为"番茄炒蛋"短视频的参考效果。

表4-2 "番茄炒蛋"短视频分镜头脚本

分镜	景别	镜头	画面	时长／秒
1	近景	固定镜头	介绍番茄、鸡蛋等基本食材,使用俯拍、特写等镜头详细介绍食材的类别和分量	6
2	近景	固定镜头	介绍番茄的清洗方法并展示清洗的镜头	3
3	近景	固定镜头	使用2个机位展示将番茄切块的画面	4
4	近景	固定镜头	使用2个机位展示打鸡蛋、加盐和搅匀的画面	6
5	近景	固定镜头	展示锅烧热后倒入食用油的画面	2
6	近景	固定镜头	展示油热后倒入鸡蛋的画面	2
7	近景	固定镜头	展示翻炒鸡蛋的画面	4

续表

分镜	景别	镜头	画面	时长 / 秒
8	近景	固定镜头	展示鸡蛋炒熟以后倒入容器的画面	2
9	近景	固定镜头	展示往锅中重新倒入食用油的画面	2
10	近景	固定镜头	展示油热后倒入番茄的画面	2
11	近景	固定镜头	展示翻炒番茄的画面	4
12	近景	固定镜头	番茄炒出汁后，展示往锅中倒入清水的画面	2
13	近景	固定镜头	适当翻炒后，展示添加盐、生抽并不停翻炒的画面	4
14	近景	固定镜头	稍微翻炒后，展示将鸡蛋重新倒入锅中的画面	2
15	近景	固定镜头	展示继续翻炒的画面	3
16	近景	固定镜头	使用2~3个镜头展示装盘、放入葱花的动作和成品	6

短视频成片总时长：54秒

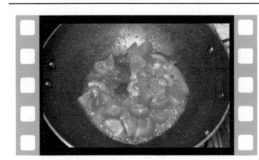

图4-117

项目小结

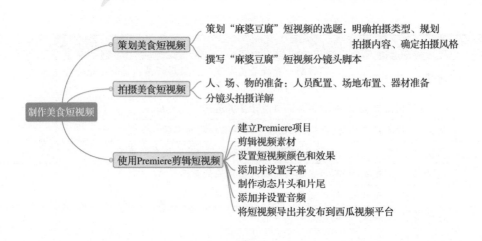

制作美食短视频
- 策划美食短视频
  - 策划"麻婆豆腐"短视频的选题：明确拍摄类型、规划拍摄内容、确定拍摄风格
  - 撰写"麻婆豆腐"短视频分镜头脚本
- 拍摄美食短视频
  - 人、场、物的准备：人员配置、场地布置、器材准备
  - 分镜头拍摄详解
- 使用Premiere剪辑短视频
  - 建立Premiere项目
  - 剪辑视频素材
  - 设置短视频颜色和效果
  - 添加并设置字幕
  - 制作动态片头和片尾
  - 添加并设置音频
  - 将短视频导出并发布到西瓜视频平台

项目五 制作生活技能短视频

5

公司刚接了一个美工刀展示的业务，并要求小艾通过制作短视频，介绍美工刀，并且尽量忽略品牌信息，重点展示美工刀的实用技巧，从而吸引对美工刀有需求的用户的关注。

知识目标

- 了解生活技能短视频的基本拍摄方法。
- 了解剪映App的主要功能。

技能目标

- 掌握剪映App的使用方法。
- 能够使用智能手机拍摄实用且有趣的生活技能短视频。

素养目标

- 通过制作美工刀实用技巧展示的短视频，养成安全操作、防患于未然的良好习惯。
- 通过处理废弃刀片，提高环境保护的意识。

任务一 | 策划生活技能短视频

任务描述

小艾在抖音上查看了大量的同类生活技能短视频，学习其优点。同时，小艾也仔细地研究了美工刀，思索如何把美工刀的使用技巧拍摄得既实用又有趣。

任务实施

➡ 活动1 策划"美工刀实用技巧"短视频的选题

通过观摩学习，小艾认为这类生活技能短视频并不需要多么酷炫的特效，直观、简洁的短视频更容易受到用户的青睐。在此基础上，小艾策划出了美工刀短视频的选题，具体步骤如下。

第一步 选择拍摄方式

许多生活技能短视频往往采用"一镜到底"的拍摄方式，创作者将拍摄设备固定好后，以"一边录制一边解说"的方式进行拍摄。小艾觉得这种方式虽然简单，但不利于展现重要细节，因此小艾选择采用"一人出镜一人拍摄"的方式，全方位展现美工刀的使用方法，后期再通过软件录音来添加解说。这样不仅能展现细节，而且后期收录的人声也更加准确，便于用户理解。

第二步 规划拍摄内容

美工刀是常用的工具，无论是家中、公司，还是施工现场等，都会出现它的身影。因此小艾觉得，这条短视频不用刻意介绍美工刀的基本使用技巧，而应告诉用户其不常使用的技巧。最终，小艾将拍摄的内容归纳为4个方面，如图5-1所示。

图5-1

第三步 明确拍摄画面

为了确保用户能够看清画面内容，小艾认为在拍摄时应主要采用固定镜头，以近景和特写的方式展现细节，整个画面主体为出镜人物的双手和美工刀，通过简洁的桌面和充足的光线来全面展示美工刀的实用技巧。

➡ 活动2 撰写"美工刀实用技巧"短视频分镜头脚本

根据需要拍摄的内容，小艾撰写了"美工刀实用技巧"短视频分镜头脚本，具体内容如表5-1所示。

表 5-1 "美工刀实用技巧"短视频分镜头脚本

分镜	景别	镜头	画面	时长 / 秒
1	近景	固定镜头	俯拍使用美工刀裁切纸张的画面	1
2	近景	固定镜头	俯拍使用美工刀割断透明胶带的画面	1
3	近景	固定镜头	俯拍推出并按压刀片，刀片回缩的画面	1
4	近景	固定镜头	正面拍摄推出并按压刀片，刀片回缩的画面	1
5	近景	固定镜头	俯拍推出并锁定刀片，然后按压的画面	2
6	近景	固定镜头	正面拍摄推出并锁定刀片，然后按压的画面	3
7	近景	固定镜头	正面拍摄锁定刀片的画面	2
8	近景	固定镜头	俯拍亚克力板	1
9	近景	固定镜头	俯拍推出刀片并展现勾刀的画面	1
10	特写	固定镜头	正面拍摄勾刀背面	1
11	近景	固定镜头	俯拍使用勾刀切割亚克力板的画面	1
12	近景	固定镜头	俯拍双手掰断亚克力板的画面	1
13	近景	固定镜头	俯拍亚克力板断开后的效果	1
14	近景	固定镜头	俯拍推出刀片的画面	1
15	特写	固定镜头	正面拍摄正面的刀片长度	1
16	近景	固定镜头	俯拍拆开美工刀尾部的盖子的画面	2
17	近景	固定镜头	俯拍盖子及其上面的夹缝	2
18	特写	固定镜头	拍摄夹缝	1
19	近景	固定镜头	俯拍将刀片插入盖子夹缝的画面	2
20	特写	固定镜头	正面拍摄将刀片掰断的画面	2
21	近景	固定镜头	俯拍将刀片用纸包好的画面	3
22	近景	固定镜头	俯拍拆下小号美工刀尾部的盖子的画面	1
23	特写	固定镜头	正面拍摄盖子夹缝	1
24	近景	固定镜头	俯拍掰断第一节刀片的画面	3
25	近景	固定镜头	俯拍拆开美工刀尾部的盖子的画面	3
26	近景	固定镜头	俯拍将备用刀片放入美工刀内部的画面	1
27	近景	固定镜头	俯拍将备用刀片插入美工刀内部的画面	1
28	近景	固定镜头	俯拍将盖子重新组装到美工刀上的画面	1

短视频成片总时长（未包含片头、片尾和节画面）：42秒

任务二 | 拍摄生活技能短视频

任务描述

本次拍摄的内容并不复杂，虽然分镜头较多，但拍摄工作相对简单，需要的硬件条件也容易满足。小艾与同事小美准备按照分镜头脚本的内容着手拍摄。

任务实施

➡ 活动1 人、场、物的准备

小艾统计了本次拍摄需要用到的人员、场地和器材道具等，然后做了相应的准备，具体步骤如下。

第一步 人员配置

小艾让小美负责演示美工刀的使用方法，自己负责拍摄。

第二步 场地布置

小艾向领导请示，将拍摄场地确定为公司某个光线充足的办公室，并布置了一张小型书桌和凳子，然后预备了一个灯箱作为备用光源。

第三步 器材准备

小艾使用自己的智能手机作为拍摄器材，另外还预备了两把不同大小的美工刀、纸张、透明胶带、亚克力板、美工刀片等道具。

➡ 活动2 分镜头拍摄详解

准备就绪后，小艾和小美按照分镜头脚本的内容开始拍摄，具体步骤如下。

步骤01　近景俯拍使用美工刀裁切纸张的画面，如图5-2所示。

图5-2

步骤02　近景俯拍使用美工刀割断透明胶带的画面，如图5-3所示。

图5-3

步骤03 近景俯拍当未锁定刀片时，按压刀片出现刀片回缩情况的画面，如图5-4所示。

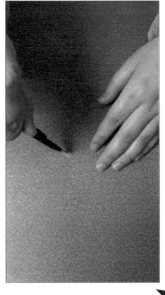

图5-4

步骤04 近景正面拍摄与步骤03相同的画面，如图5-5所示。

图5-5

步骤05 近景俯拍推出刀片并锁定，然后按压刀片查看是否回缩的画面，如图5-6所示。

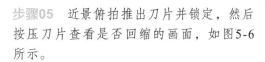

图5-6

步骤06 近景正面拍摄与步骤05相同的画面，如图5-7所示。

图5-7

步骤07 近景正面拍摄锁定刀片的过程和效果，后期作为特写展现，如图5-8所示。

图5-8

步骤08 近景俯拍亚克力板的正反两面，如图5-9所示。

图5-9

步骤09 近景俯拍推出刀片并展现勾刀的画面，如图5-10所示。

图5-10

步骤10 正面特写拍摄勾刀的背面，如图5-11所示。

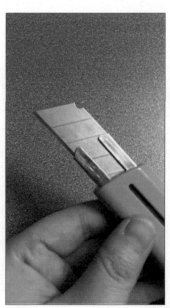

图5-11

步骤11 近景俯拍使用勾刀切割亚克力板的画面，如图5-12所示。

图5-12

步骤12 近景俯拍使用勾刀切割后用双手掰断亚克力板的画面，如图5-13所示。

图5-13

步骤13 近景俯拍亚克力板断开后的效果，如图5-14所示。

步骤14 近景俯拍推出刀片的画面，如图5-15所示。

步骤15 正面特写拍摄推出的刀片的正面的长度，如图5-16所示。

图5-14

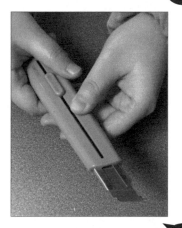

图5-15

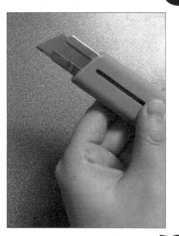

图5-16

步骤16 近景俯拍拆开美工刀尾部的盖子的画面，如图5-17所示。

图5-17

图5-19

步骤17 近景俯拍拿起美工刀尾部的盖子，展现其上面的夹缝的画面，如图5-18所示。

图5-18

图5-20

步骤18 特写拍摄美工刀尾部盖子上的夹缝，如图5-19所示。

步骤19 近景俯拍将第一节刀片插入尾部盖子的夹缝中的画面，如图5-20所示。

步骤20 正面特写拍摄利用盖子尾部将第一节刀片掰断的画面，如图5-21所示。

步骤21 近景俯拍将断掉的刀片用纸包好的画面，如图5-22所示。

步骤22 近景俯拍拆下小号美工刀尾部的盖子的画面，如图5-23所示。

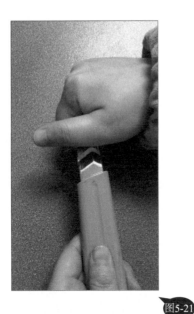

图5-21

图5-22

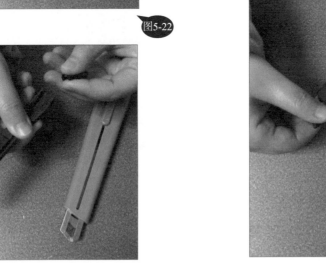

图5-23

步骤23　正面特写拍摄尾部盖子上的夹缝，如图5-24所示。

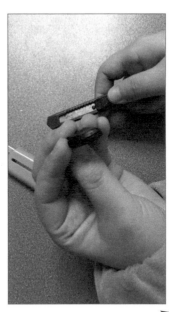

图5-24

步骤24　近景俯拍利用尾部盖子掰断第一节刀片的画面，如图5-25所示。

图5-25

步骤25 近景俯拍拆开美工刀尾部的盖子的画面，如图5-26所示。

图5-26

步骤26 近景俯拍准备将备用刀片放入美工刀内部的画面，如图5-27所示。

图5-27

步骤27 近景俯拍将备用刀片插入美工刀内部的存储空间中的画面，如图5-28所示。

图5-28

步骤28 近景俯拍将尾部盖子重新组装到美工刀上的画面，如图5-29所示。

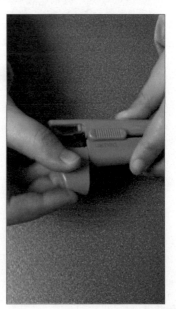

图5-29

任务三 | 使用剪映App剪辑短视频

任务描述

小艾这次选择使用剪映App来剪辑短视频，并将成品发布到抖音上。为了让短视频看上去更加简洁生动，小艾考虑用明快的节奏搭配俏皮的解说旁白和形象的花字效果，使短视频能够在短时间内为用户展示实用且精彩的内容。本次制作的短视频参考效果如图5-30所示。

图5-30

知识窗

随着短视频越来越受到大众的喜爱，以抖音、快手为代表的短视频App几乎成为智能手机上的必备软件。为了进一步方便用户创作出更优质的短视频，这些短视频平台还开发出了平台专用的短视频剪辑软件。以抖音为例，剪映App就是其配套的短视频剪辑App。由于抖音的火爆，剪映App的使用者也越来越多。下面介绍剪映App的操作界面。

下载并打开剪映App后，点击界面上方的"开始创作"按钮 ＋，然后选择视频素材并点击下方的 添加(2) 按钮，便可进入短视频剪辑的主界面。该界面主要由3部分组成，分别是视频区、编辑区和功能区，如图5-31所示。

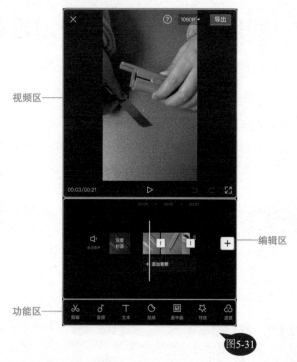

视频区 ——

编辑区

功能区 ——

图5-31

　　视频区可以显示并预览短视频效果，还可以调整字幕、贴纸等对象的位置、大小和角度；编辑区可以为短视频添加视频、音频、字幕等各种类型的素材，以及转场、滤镜、特效等对象；功能区显示的是各种剪辑功能，点击相应功能按钮后可显示对应的工具栏，进而可以完成各种功能的设置。下面详细介绍剪映App的各种功能（本书后面将要介绍的快影App和快剪辑App也有相似的操作界面和功能）。

- 剪辑：点击"剪辑"按钮✂，将显示"剪辑"工具栏，从中可以对视频素材进行各种剪辑操作，包括分割视频内容、调整视频播放速度、调整视频音量、分离视频中的音频、为视频添加滤镜、调节视频画面、倒放视频内容等，如图5-32所示。

- 音频：点击"音频"按钮♪，将显示"音频"工具栏，从中可以实现添加音乐、验证音频版权、添加音效、提取视频音乐、将音乐添加到抖音收藏中、现场录音等操作，如图5-33所示。

图5-33

- 文本：点击"文本"按钮Ⓣ，将显示"文本"工具栏，从中可以实现新建文本、使用文字模板、识别视频声音并自动添加字幕、识别歌词、添加贴纸等操作，如图5-34所示。

图5-32

图5-34

- 贴纸：点击"贴纸"按钮🌓，将显示"贴纸"工具栏，从中可以为视频添加各种有趣的贴纸，如图5-35所示。

图5-35

- 画中画：点击"画中画"按钮▣，将显示"画中画"工具栏，点击"新增画中画"按钮，如图5-36所示，可以在显示的界面中添加其他视频素材。

图5-36

- 特效：点击"特效"按钮🌟，将显示"特效"工具栏，从中可以为视频素材添加精美的特效，如图5-37所示。

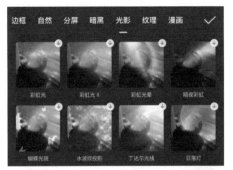

图5-37

- 滤镜：点击"滤镜"按钮🔄，将显示"滤镜"工具栏，从中可以为视频素材添加各种滤镜效果等，如图5-38所示。

图5-38

- 比例：点击"比例"按钮▣，将显示"比例"工具栏，从中可以调整短视频的画面比例，如图5-39所示。

图5-39

- 背景：点击"背景"按钮▨，将显示"背景"工具栏，从中可以设置短视频的背景颜色、样式和模糊程度，如图5-40所示。

图5-40

- 调节：点击"调节"按钮⚙，将显示"调节"工具栏，从中可以调节画面的亮度、对比度、饱和度、光感等各种参数，如图5-41所示。

图5-41

任务实施

→ 活动1　添加并剪辑视频素材

拍摄完视频素材后，小艾将运用剪映App剪辑视频，具体操作如下。

微课：添加并剪辑视频素材

步骤01　启动剪映App，点击界面上方的"开始创作"按钮⊞，如图5-42所示。

图5-42

步骤02　在显示的界面中按先后顺序选择拍摄的28个镜头对应的视频素材[配套资源：素材\项目五\美工刀(1).mp4~美工刀(28).mp4]，点击按钮，如图5-43所示。

步骤03　进入剪映App的主界面，点击"关闭原声"按钮◁×关掉视频素材中的原声，如图5-44所示。

步骤04　点击"剪辑"按钮，选择第1个视频素材，通过左右滑动的方式将时间轴定位器定位到目标位置，如图5-45所示。

步骤05　拖曳该视频素材左侧的控制条至时间轴定位器，确定该视频素材的起始位置，如图5-46所示。

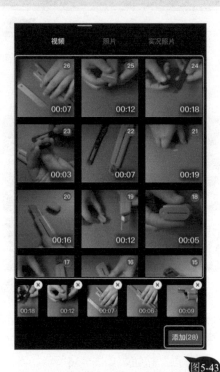

图5-43

图5-44

图5-45

图5-46

步骤06 通过滑动的方式将时间轴定位器定位到目标位置，如图5-47所示。

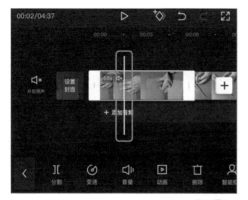

图5-47

步骤07 拖曳该视频素材右侧的控制条至时间轴定位器，确定该视频素材的结束位置，如图5-48所示。

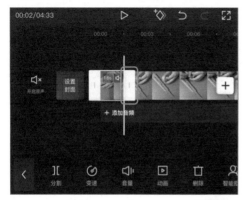

图5-48

经验之谈

在时间轴上使用两根手指同时向内滑动，可缩小时间轴的显示比例；相反，两根手指同时向外滑动，则可放大时间轴的显示比例。此方法同样适用于在视频区调整视频素材的大小或字幕、贴纸等对象的大小。

步骤08 按相同方法裁剪其他视频素材，除第6、第24、第25个视频素材的时长为3秒左右，以及第21个视频素材的时长为10秒左右，其余视频素材的时长控制在1秒左右。然后选择第21个视频素材，点击工具栏中的"变速"按钮 ⏱，如图5-49所示。

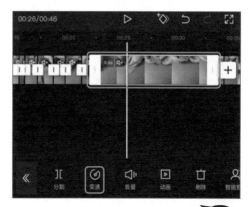

图5-49

步骤09 在工具栏中点击"常规变速"按钮 ⬜，在显示的界面中拖曳控制点至"3.0×"（表示3倍速播放）的位置，点击"确定"按钮 ✓，如图5-50所示。

步骤10 保持该视频素材的选择状态，在工具栏中点击"滤镜"按钮 ⬛，如图5-51所示。

步骤11 在显示的界面中点击"Vlog"选项卡，选择"夏日风吟"滤镜，依次点击 ⬛ 应用到全部按钮和"确定"按钮 ✓，如图5-52所示。

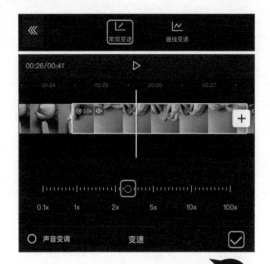

图5-50

图5-51

图5-52

步骤12 在工具栏中点击"调节"按钮，在显示的界面中点击"亮度"按钮，拖曳控制点将参数设置为"10"，如图5-53所示。

图5-53

步骤13 点击"对比度"按钮，拖曳控制点将参数设置为"-5"，如图5-54所示。

图5-54

步骤14 点击"饱和度"按钮，拖曳控制点将参数设置为"5"，如图5-55所示。

图5-55

步骤15 点击"高光"按钮，拖曳控制点将参数设置为"5"，如图5-56所示。

步骤16 点击"阴影"按钮，拖曳控制点将参数设置为"20"，如图5-57所示。

图5-56

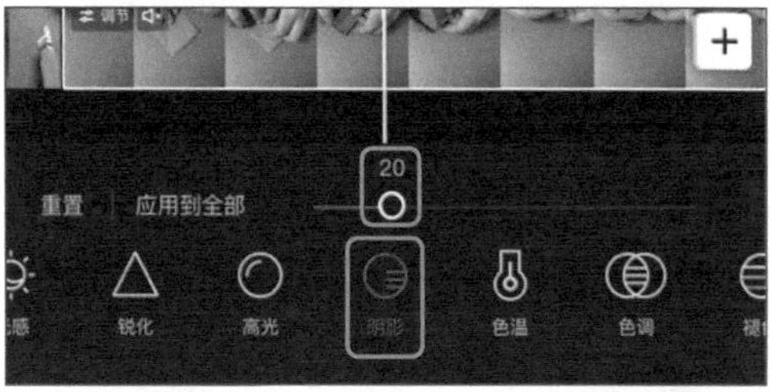

图5-57

步骤17　点击"色温"按钮，拖曳控制点将参数设置为"10"，依次点击 应用到全部 按钮和"确定"按钮，如图5-58所示。

图5-58

活动2　完善视频部分的内容

　　拍摄的视频镜头不足以构成完整的短视频，因此小艾需要在视频素材的基础上，添加若干黑场素材作为片头、片尾和节画面，具体操作如下。

微课：完善视频部分的内容

步骤01　选择时间轴上的第1个视频素材，点击右侧的"添加"按钮 ➕，如图5-59所示。

图5-59

步骤02　在显示的界面中点击"素材库"选项卡，然后点击"片头"选项卡，点击图5-60所示的片头缩略图，最后点击 添加(1) 按钮。

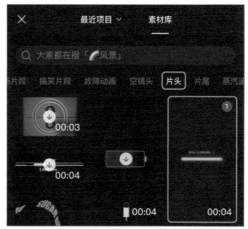

图5-60

步骤03　所选片头将添加到所选视频素材的左侧，点击"剪辑"按钮，此时点击工具栏中的"变速"按钮，再点击"常规变速"按钮，将片头的播放速度调整为"1.5×"，如图5-61所示。

步骤04　在第3个视频素材的左侧添加素材库中"黑白场"选项卡下的"黑场"素材，将其时长调整为"2.0s"，如图5-62所示。

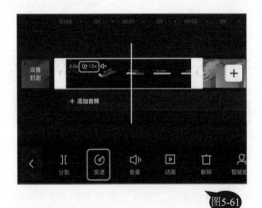

图5-61

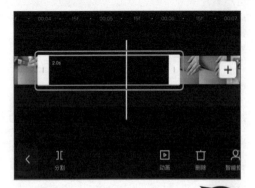

图5-62

步骤05 点击添加的"黑场"素材使其处于非选择状态，依次点击工具栏中的"文本"按钮**T**和"新建文本"按钮**A+**，如图5-63所示。

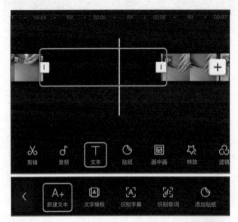

图5-63

步骤06 进入编辑文本的界面，在文本框中输入"美工刀"，点击"花字"选项卡，选择图5-64所示的花字效果，并在视频区调整文本的大小和位置。

图5-64

步骤07 点击"样式"选项卡，选择"新青年体"字体样式，如图5-65所示。

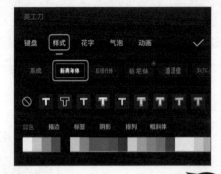

图5-65

步骤08 点击"动画"选项卡，选择"入场动画"中的"旋入"动画效果，点击

"确定"按钮 ✓，如图5-66所示。

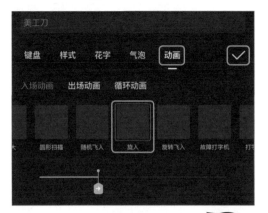

图5-66

步骤09 在时间轴上调整文本素材的位置和时长，如图5-67所示。

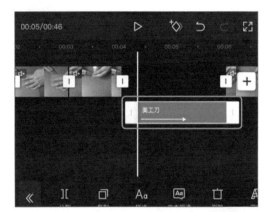

图5-67

经验之谈

在时间轴上长按并拖曳某种素材，可调整该素材在时间轴上的位置。

步骤10 按相同方法添加"正确打开方式"文本，调整其在视频区的大小、位置和角度，将字体设置为"童趣体"，样式设置为"白色描边，黑色填充"的效果，并将入场动画设置为"模糊"，点击"确定"按钮 ✓，如图5-68所示。

图5-68

经验之谈

设置动画时，可以拖曳下方的控制点调整动画的放映时长。

步骤11 在时间轴上调整文本素材的位置和时长，如图5-69所示。

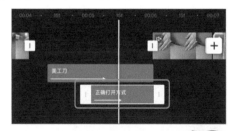

图5-69

步骤12 在"黑场"素材右侧再次添加一个"黑场"素材，将此素材的时长设置为"1.0s"，如图5-70所示。

步骤13 添加"（一）锁定刀片"文本，调整其在视频区的大小、位置和角度，如图5-71所示。

图5-70

图5-71

步骤14 将字体设置为"新青年体"，样式设置为"黑色描边，黄色填充"的效果，并将入场动画设置为"收拢"，点击"确定"按钮✓，如图5-72所示。

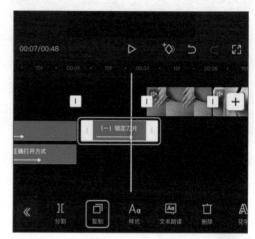

图5-72

步骤15 在时间轴上调整文本素材的位置和时长，然后点击"复制"按钮▢，如图5-73所示。

图5-73

步骤16 拖曳复制的文本素材至图5-74所示的位置，并在该处添加"黑场"素材，时长为"1.0s"，然后重新选择复制的文本素材，点击"样式"按钮A₀。

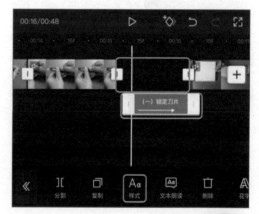

图5-74

步骤17 在界面的文本框中修改文本内容为"（二）使用勾刀"，点击"确定"按钮✓，如图5-75所示。

步骤18 按相同方法在相应的位置创建其他两个节画面，如图5-76所示。

经验之谈

在剪映App中添加视频素材后，其会自动为剪辑后的短视频添加片尾素材，这里默认使用该片尾内容，不做其他修改。如果需要自行创建片尾，可以点击"删除"按钮回将剪映App的默认片尾删除，然后重新添加需要的片尾。

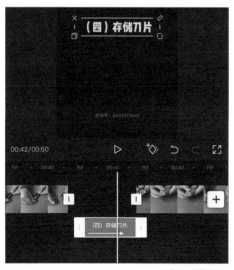

图5-76（b）

图5-75

活动3 录制并编辑旁白

微课：录制并编辑旁白

视频主体内容剪辑完成后，小艾需要根据画面内容录制旁白，并调整旁白的速度和音调以增强短视频的节奏感和趣味性，具体操作如下。

步骤01 将时间轴定位器定位到第1个视频素材处，依次点击"音频"按钮 и 和"录音"按钮 и，如图5-77所示。

图5-76（a）

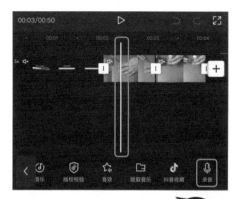

图5-77

步骤02 按住"录音"按钮🎙开始录制旁白，完成后点击"确定"按钮✓，如图5-78所示。

图5-78

步骤03 裁剪旁白中多余的内容，并调整旁白的位置，然后点击"变声"按钮◉，如图5-79所示。

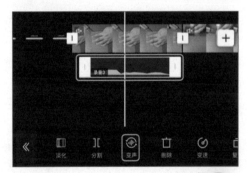

图5-79

步骤04 在显示的界面中选择"萝莉"选项，使声音显得俏皮一些，然后点击"确定"按钮✓，如图5-80所示。

步骤05 保持该音频素材的选择状态，在工具栏中点击"变速"按钮◉，如图5-81所示。

步骤06 拖曳控制点将速度设置为"1.5×"，点击"确定"按钮✓，如图5-82所示。

步骤07 按照相同的方法为短视频录制其他旁白，然后调整旁白的音调和速度，如图5-83所示。

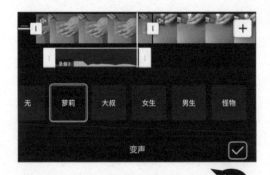

图5-80

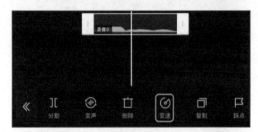

图5-81

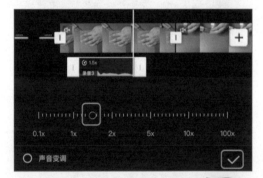

图5-82

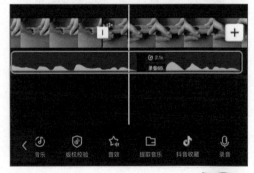

图5-83

活动4 添加花字

为了让短视频看上去更加生动，小艾将根据画面和旁白内容适当添加花字，具体操作如下。

微课：添加花字

步骤01 将时间轴定位器定位到第1个视频素材对应的旁白起始位置，依次点击工具栏中的"文本"按钮T和"新建文本"按钮A+，如图5-84所示。

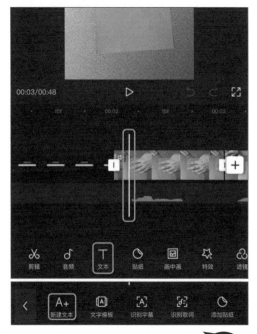

图5-84

步骤02 在文本框中输入"裁纸？"，点击"花字"选项卡，选择图5-85所示的花字效果。

步骤03 点击"样式"选项卡，选择"后现代体"字体样式，在视频区调整文本的大小、位置和角度，如图5-86所示。

步骤04 点击"动画"选项卡，选择入场动画中的"弹入"选项，点击"确定"按钮√，如图5-87所示。

图5-85

图5-86

图5-87

步骤05 在时间轴上调整文本素材的位置和时长，点击"复制"按钮 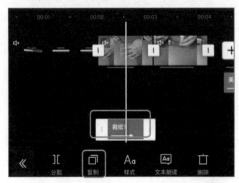，如图5-88所示。

图5-88

步骤06 调整复制的文本素材在时间轴上的位置和时长，然后修改文本内容以及在视频中的显示效果，如图5-89所示。

图5-89

步骤07 按相同方法在各视频素材上添加

适合的花字内容，效果如图5-90所示。

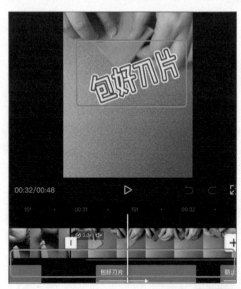

图5-90

素养提升小课堂

党的二十大发展中提到，统筹推动文明培育、文明实践、文明创建，推进城乡精神文明建设融合发展。如果随意丢弃废弃的刀片，很容易划伤环卫工人。社会主义核心价值观中的"文明、和谐、友善"等观念，都要求我们应该多替他人着想，因此合理、安全地处理废弃物，是我们应当学会并牢记于心的一种基本行为。

活动5　添加音乐

视频、旁白和字幕都制作好后，小艾只需要为短视频添加合适的背景音乐就可以完成短视频的制作。小艾准备利用剪映App提供的音频素材来完成这项工作，具体操作如下。

微课：添加音乐

步骤01 将时间轴定位器定位到短视频

开始处，依次点击"音频"按钮⚑和"音乐"按钮⚉，如图5-91所示。

图5-91

步骤02 在"添加音乐"界面，向左滑动音乐类型，选择"轻快"音乐类型，如图5-92所示。

图5-92

步骤03 在显示的界面中点击音乐缩略图试听音乐，若觉得该音乐合适，则可点击其右侧对应的 使用 按钮，如图5-93所示。

图5-93

步骤04 拖曳音乐素材右侧的控制条，使音乐素材右端与片尾右端对齐，然后点击"淡化"按钮▥，如图5-94所示。

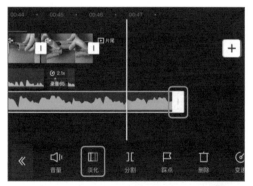

图5-94

步骤05 拖曳"淡出时长"参数的控制点，将其设置为5秒，点击"确定"按钮☑，如图5-95所示。

图5-95

步骤06 在工具栏中点击"音量"按钮 🔊，如图5-96所示。

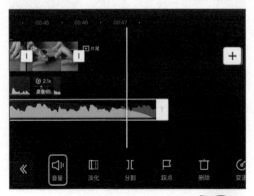

图5-96

步骤07 在显示的界面中拖曳其中的控制点，将参数设置为"30"，点击"确定"按钮 ✓，如图5-97所示。

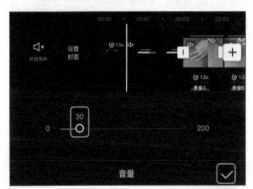

图5-97

➡️ 活动6 导出并发布短视频

小艾预览了短视频并确认无误后，将短视频导出并发布到了抖音，具体操作如下。

微课：导出并发布短视频

步骤01 点击剪映App操作界面右上角的 导出 按钮，如图5-98所示。

图5-98

步骤02 剪映App开始导出剪辑好的短视频，并显示导出进度，如图5-99所示。

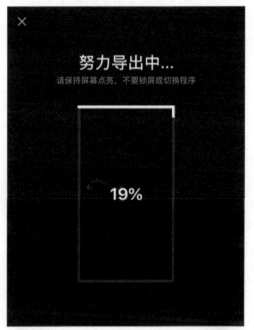

图5-99

步骤03 导出结束后，点击"抖音"图标 🎵，准备将短视频发布到抖音，如图5-100所示。

图5-100

步骤04 在显示的界面中直接点击右上角的 下一步 按钮，如图5-101所示。

图5-101

步骤05 此时在显示的界面中可以进一步为短视频添加音乐、文字、贴纸、特效等元素，这里不添加，直接点击 下一步 按钮，如图5-102所示。

图5-102

步骤06 在"发布"界面中点击缩略图中的"选封面"，如图5-103所示。

图5-103

步骤07 在显示的界面中拖曳中间的预览

条，选择需要作为封面的画面，然后点击 保存 按钮，如图5-104所示。

图5-104

步骤08 返回"发布"界面，在文本框中输入短视频的标题，然后点击 #话题 按钮，如图5-105所示。

图5-105

步骤09 在弹出的下拉列表中选择与此短视频相关的热门话题，以便增加短视频的

热度，这里选择"#美工刀"选项，如图5-106所示。

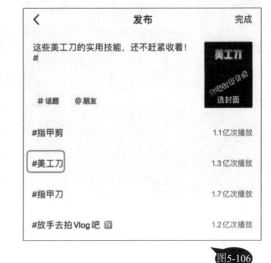

图5-106

步骤10 按相同操作继续为短视频添加相关的热门话题，这里又添加了"#创意"话题，如图5-107所示。

图5-107

✎ **经验之谈**

如果在抖音添加了好友，那么在发布短视频时可以在"发布"界面中点击 @朋友 按钮，选择需要告知的好友，以提醒他们观看自己新发布的短视频。

步骤11 根据需要还可以在"发布"界面设置地理位置、申请关联热点、短视频公

开范围等内容，这里不设置，点击 发布 按钮，如图5-108所示。

发布到抖音中供用户观看，效果如图5-109所示（配套资源：效果\项目五\美工刀—剪映版.mp4）。

图5-108

图5-109

步骤12 短视频通过平台审核后，将成功

同步实训——制作"生活小妙招"短视频

本次实训要求制作"生活小妙招"短视频，其中介绍了4种妙招，包括清洁发黄的耳机线、去除粘在牛仔裤上的口香糖、清洗老旧的菜板、清洗小口径瓶子内部。同学们可以通过网络了解并熟悉这些妙招，然后按照表5-2所示的分镜头脚本进行拍摄，并利用剪映App剪辑短视频，最后将短视频发布到抖音上。

同学们可以二人为一组，一人负责拍摄，另一人负责操作，后期一起剪辑短视频。本次实训仅需要准备一部智能手机作为拍摄工具。拍摄时无须解说，后期根据画面内容录音，或者预先撰写好台词，对照台词录音。

需要注意的是，生活小妙招之类的短视频的节奏往往比较轻快，因此在后期处理时可以对视频内容和音频旁白做加速处理。同时还可以搭配花字效果或字幕，使内容更加丰富和生动，大体制作方法可以参考本项目"美工刀实用技巧"短视频。另外，后期发布时，可以充分借助热门话题来增加短视频的热度。图5-110所示为"生活小妙招"短视频的参考效果，表5-2所示为"生活小妙招"短视频分镜头脚本。

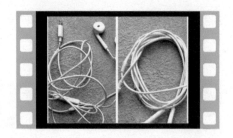

图5-110

表5-2 "生活小妙招"短视频分镜头脚本

分镜	景别	镜头	画面	时长/秒
1	近景	固定镜头	展示发黄的耳机线	2
2	近景	固定镜头	展示将牙膏挤在毛巾上，用毛巾擦拭耳机线的画面	3
3	近景	固定镜头	展示清洁后的耳机线，后期利用画中画对比显示擦拭前后情况	2
4	近景	固定镜头	展示口香糖粘到牛仔裤（找一条废旧牛仔裤）上且不容易去除的画面	2
5	近景	固定镜头	展示将事先冻好的冰块放在口香糖上将其冰冻硬化，然后轻松去除的画面	3
6	近景	固定镜头	展示老旧的菜板	2
7	近景	固定镜头	展示在菜板上撒上一层小苏打的画面	2
8	近景	固定镜头	展示在小苏打上倒上白醋、清洗菜板的画面	3
9	近景	固定镜头	用清水冲洗菜板并展示清洗后的效果	3
10	近景	固定镜头	展示用毛巾无法擦拭小口径瓶子内部的画面	2
11	近景	固定镜头	展示使用打火机将废弃牙刷的背部加热并掰弯的画面	3
12	近景	固定镜头	将掰弯的牙刷深入瓶子内部进行清洗并展示效果	3

短视频成片总时长：30秒

项目小结

```
                          ┌─ 策划"美工刀实用技巧"短视频的选题：选择拍摄方式、规划拍摄
                          │                                    内容、明确拍摄画面
           策划生活技能短视频 ┤
                          └─ 撰写"美工刀实用技巧"短视频分镜头脚本

                          ┌─ 人、场、物的准备：人员配置、场地布置、器材准备
制作生活技能短视频  拍摄生活技能短视频 ┤
                          └─ 分镜头拍摄详解

                          ┌─ 添加并剪辑视频素材
                          ├─ 完善视频部分的内容
                          ├─ 录制并编辑旁白
           使用剪映App剪辑短视频 ┤  添加花字
                          ├─ 添加音乐
                          └─ 导出并发布短视频
```

项目六 制作情景短视频

6

经过不断学习，小艾制作短视频的水平越来越高，小艾得到了公司领导的表扬。这是对小艾工作能力的一种肯定，小艾也更有信心完成公司安排的情景短视频的制作任务。

知识目标

● 了解情景短视频的基本拍摄方法。
● 了解快影App的基本功能。

技能目标

● 掌握快影App的使用方法。
● 能够策划并拍摄质量较高的情景短视频。

素养目标

● 通过多人协作培养团队合作的观念，培养并树立甘为集体奉献的精神。
● 在制作短视频的过程中，提高全局把控、沟通协调，以及策划和执行等多方面的素质。

任务一 | 策划情景短视频

任务描述

由于是初次接触情景短视频，为了保证短视频的质量，小艾决定策划一种常见而且效果不错的情景短视频——反转型恶搞情景短视频"草根老板"。这类短视频虽然对策划、拍摄和后期剪辑的要求都不太高，但如果内容、节奏等各方面把握得好，也能成为热门的短视频。

任务实施

➡ 活动1 策划"草根老板"短视频的选题

小艾想通过"草根老板"这个短视频来讽刺拜金主义。希望用户在观看短视频时，不仅能感受到内容的趣味性，还能够树立起脚踏实地、务实肯干的正确价值观。在这个基础上，小艾策划了此次选题，具体步骤如下。

第一步 定位拍摄视角

就情景短视频而言，目前常见的拍摄视角有第一人称视角和第三人称视角两种。

第一人称视角是以主人公的视角进行拍摄，摄影器材就相当于主人公的眼睛，其特点是更加容易将自己代入故事情节中，现场感更强。采用第一人称视角拍摄时，往往会借助稳定设备，拍摄者手拿或捆绑上稳定器，跟随主人公的行为动作进行拍摄，这要求拍摄者能够把握好拍摄的距离以及稳定性。图6-1所示的短视频表现的是主人公与他的宠物之间发生的各种故事。其使用的就是第一人称视角，拉近了用户与宠物之间的距离。

图6-1

相比于具有强烈参与感的第一人称视角，第三人称视角则相当于旁观者的角色，以"置身事外"的方式观看画面中发生的故事。这种视角是最常见、使用最多的镜头语言之一，以一个客观公正的视角去观看故事的发展，不影响用户对故事的理解和判断。图6-2所示的短视频就是以第三人称视角进行拍摄的。

图6-2

小艾决定以第三人称视角进行拍摄，让用户可以更好地观看故事，同时也使用户可以有充足的空间来思考故事的深层意义。

第二步 策划拍摄风格

情景短视频的风格多种多样。有的剧情贴近生活，既能消除用户的距离感，又能引起他们的共鸣；有的故意制造冲突，使剧情跌宕起伏，引人入胜；有的让剧情变得有意义，能够深化主题，引起用户的思考等。

小艾所拍摄的短视频以目前网络上流行的恶搞风格为主，并通过剧情前后的反转让用户觉得有趣。

第三步 确定拍摄内容

情景短视频不同于传统的影视类节目，其有播放时长的限制，需要在短时间内制造出"强对比、强落差"的剧情，这就需要减少铺垫，快速进入剧情的高潮部分。

小艾也遵循这一情景短视频的内容创作原则，通过员工与老板之间的几句对话，快速营造出老板高贵的身份。然后通过老板的行为，制造出与其身份的反差，达到搞笑的目的。

活动2 撰写"草根老板"短视频分镜头脚本

根据前期对短视频的策划，小艾撰写了此短视频的分镜头脚本，脚本内容如表6-1所示。

表6-1 "草根老板"短视频分镜头脚本

分镜	景别	镜头	画面	时长/秒
1	全景	固定镜头	正面拍摄老板从酒店门口趾高气扬地走出来，两名保镖分别站在门两边向老板问好的画面	4
2	中景	固定镜头	侧面拍摄保镖乙询问老板要见哪个客户的画面	5
3	全景	固定镜头	正面拍摄老板淡然地告诉保镖他的决定的画面	4

续表

分镜	景别	镜头	画面	时长/秒
4	中景	固定镜头	正面拍摄保镖甲为老板穿上西服的画面	9
5	近景	固定镜头	侧面拍摄老板戴上墨镜的画面	7
6	特写	固定镜头	俯拍老板掰下两颗玉米粒的画面	5
7	近景	固定镜头	从老板身后拍摄老板将玉米粒贴到耳朵上的画面	3
8	特写	固定镜头	正面拍摄老板将玉米粒贴上耳朵的画面	6
9	特写	固定镜头	俯拍老板戴好手表的画面	6
10	中景	固定镜头	侧面拍摄保镖甲询问老板选择哪种出行工具，老板回答的画面	7
11	中景转全景	拉镜头	侧面拍摄保镖甲把自行车推过来，老板点头骑上车走了的画面	11

短视频成片总时长：1分07秒

任务二 | 拍摄情景短视频

任务描述

撰写完分镜头脚本后，小艾对此次拍摄更加胸有成竹。当然，她明白需要做的工作还有很多，如人、场、物的准备工作，拍摄时对镜头、画面的控制等。

任务实施

➡ 活动1 人、场、物的准备

不同于前面拍摄的短视频，这次的情景短视频对人、场、物有更高的要求，小艾的具体准备步骤如下。

第一步 人员配置

此次小艾组建了5人拍摄团队：自己负责导演和摄影；另一人负责提供道具和布光；其余3人则是短视频的演员，分别饰演"老板""保镖甲""保镖乙"。人员配置的具体情况如图6-3所示。

第二步 场地选择

小艾选择了一家与公司有业务往来的酒店，与其负责人协商后，对方允许小艾在特定时间段内进行短视频拍摄，并尽可能为小艾团队提供帮助，如控制酒店门前来往的人群等，但要求小艾在1小时内完成拍摄工作。

导演兼摄影
负责短视频拍摄、演员沟通等工作

道具兼灯光
负责拍摄时提供道具和现场布光等工作

主演
出演老板角色，承担主要戏份

配角（2名）
出演2名保镖角色，负责与主演搭戏

图6-3

第三步 **器材与道具准备**

小艾选择了一款拍摄功能强大的智能手机作为拍摄器材，并借助手持稳定器来保证画面的稳定。另外，小艾还提前准备好了西服、墨镜、镜子、手表（纸质手表）、玉米、自行车等拍摄时需要用到的各种道具。

考虑到拍摄当天的天气状况，小艾还准备了遮光板和反光板来控制光线。

➡ **活动2 分镜头拍摄详解**

准备就绪后，小艾团队按照分镜头脚本进行拍摄，具体步骤如下。

步骤01 通过全景画面交代环境情况，以固定镜头正面拍摄两名保镖分别站在门两边，老板趾高气扬地从酒店内走出来，保

镖向老板问好的画面，如图6-4所示。

图6-4

步骤02 切换到中景画面，以固定镜头从侧面拍摄保镖乙询问老板要见哪个客户的画面，如图6-5所示。台词内容为："寻宝的刘总和腾飞的李总今天都预约好了要见您，您想先见谁？"。

图6-5

步骤03 切换回全景画面，以固定镜头从正面拍摄老板淡然地告诉保镖他的决定的画面，如图6-6所示。台词内容是："那就先见小刘吧！"老板说话时应配合一定的肢体语言，表现出不屑一顾的状态。

图6-6

步骤04 切换到中景画面，此时保镖甲手上已经准备好了老板的西服，以固定镜头从正面拍摄其为老板穿上西服的整个过程，如图6-7所示。

图6-8

图6-7

步骤05 切换到近景画面，以固定镜头从侧面拍摄老板从西服里面的口袋掏出墨镜并佩戴上的整个过程，如图6-8所示。

步骤06 切换到特写画面，以固定镜头从上往下俯拍老板掰下两颗玉米粒的过程，以制造悬念，如图6-9所示。

图6-9

素养提升小课堂

短视频中扮演老板的演员所表现的各种浮夸的行为、表情和语言等，都是为了提醒大家在现实生活中应该保持谦逊，不自大、不虚夸、不高傲，这样才能不断进步。

步骤07 切换到近景画面，保镖乙拿起一面很普通的家用化妆镜，以固定镜头从老板身后拍摄老板对着镜子将玉米粒贴到耳朵上的动作，如图6-10所示。

图6-10

步骤08 切换到特写画面，以固定镜头从正面拍摄老板面对手机将玉米粒贴到耳朵上的动作（后期剪辑时将这个镜头与上一个镜头的动作衔接起来），如图6-11所示。

图6-11

步骤09 切换到特写画面，以固定镜头从

上到下俯拍老板仔细将纸质手表戴上手腕并认真整理的整个过程，如图6-12所示。

图6-12

步骤10 切换到中景画面，以固定镜头从正面拍摄保镖甲询问老板选择哪种出行工具，老板以很浮夸的姿态回答的画面，如图6-13所示。

图6-13

步骤11 侧面拍摄保镖甲将自行车推过来（此时采用拉镜头将中景画面逐渐转换成全景画面），老板骑上车驶远的画面（此时为固定镜头），如图6-14所示。

图6-14

任务三 ｜ 使用快影App剪辑短视频

任务描述

　　由于前期策划工作做得比较充分，小艾团队很快就完成了短视频的拍摄工作。然后小艾下载并安装了快影App，利用快影App来完成本次短视频的后期剪辑工作，并将其发布到快手上。图6-15所示为本次短视频的最终效果。

图6-15

知识窗

快影App是北京快手科技有限公司旗下的短视频拍摄、剪辑工具,具有简单易用、功能丰富等特点,利用其能够完成拍摄、剪辑、编辑、导出、分享等所有短视频制作环节的工作。其基本功能包括剪辑、背景、画中画、特效、音频、字幕、贴纸、滤镜、调节等,如图6-16所示。

图6-16

- 剪辑:点击"剪辑"按钮,将显示"剪辑"工具栏,该工具栏中集合了大量的剪辑工具(见图6-17),可以实现对所选视频素材的复制、裁剪、替换、倒放、旋转、排序、调节等各种操作。

图6-17

- 背景:点击"背景"按钮,将显示"背景"工具栏,其中包括"样式"按钮、"模糊"按钮、"比例"按钮,点击相应的按钮,可以分别实现为短视频设置背景样式、模糊程度和画面比例,如图6-18所示。

- 画中画:点击"画中画"按钮,将显示"画中画"工具栏,点击其中的"新增画中画"按钮(见图6-19),可选择新的视频素材作为画中画的视频画面。

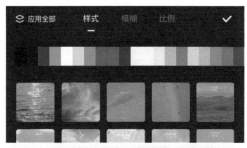

图6-18

图6-19

- 特效：点击"特效"按钮🌠，将显示"特效"工具栏，点击其中"新增特效"按钮🌠，可在显示的界面中为短视频添加各种特效，如图6-20所示。

图6-20

- 音频：点击"音频"按钮🎵，将显示"音频"工具栏，如图6-21所示。该工具栏中从左至右各按钮的作用分别是为音频添加特效声音、添加背景音乐、添加音乐至快手收藏、提取视频或素材中的音频、下载网络中的音频、添加音效、根据输入的字幕自动配音。

图6-21

- 字幕：点击"字幕"按钮🇹，将显示"字幕"工具栏，其中包括"语音转字幕"按钮🅰、"加字幕"按钮🅰⁺、"文字模板"按钮🇹，点击相应的按钮，就可以分别实现自动将识别到的语音转换为字幕、手动添加并设置字幕、将识别到的语音转换为文字模板，如图6-22所示。

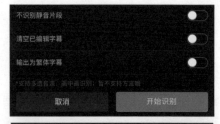

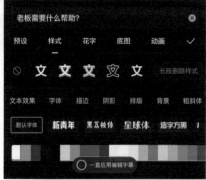

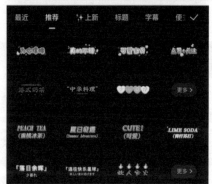

图6-22

- 贴纸：点击"贴纸"按钮🔄，将显示"贴纸"工具栏，其中包括"新增贴纸"按钮🔄、"导入贴纸"按钮↩，点击相应的按钮，就可以分别为短视频添加各种类型的贴纸或导入手机上保存的各种图片，如图6-23所示。
- 滤镜：点击"滤镜"按钮🎛，将显示"滤镜"工具栏，点击其中的"新增滤镜"按钮🎛，可在显示的界面中为短视频添加各种滤镜效果，如图6-24所示。

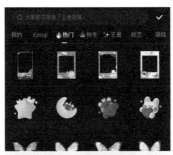

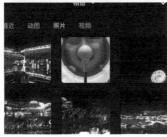

图6-23

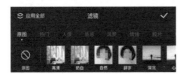

图6-24

- 调节：点击"调节"按钮 ，将显示"调节"工具栏，点击其中的"新增调节"按钮，可在显示的界面中调整短视频的画面效果，如图6-25所示。

图6-25

✎ **经验之谈**

　　为了方便用户快速设置短视频的画面比例，快影App将调整比例的按钮特意显示在界面的右上角，点击 **比例** 按钮便可在显示的界面中调整画面比例，此操作与点击"背景"按钮 后，在"背景"工具栏中点击"比例"按钮 的作用相同。

任务实施

➡ 活动1　处理画面比例并分离音频

　　小艾打开手机上的快影App，开始导入视频素材，并首先完成画面比例的设置和音频的分离与删除，具体操作如下。

微课：处理画面比例并分离音频

步骤01　启动快影App，点击界面上方的 开始剪辑 按钮，显示添加素材的界面。此时点击"视频"选项卡，然后按素材的先后顺序依次点击对应的缩略图（配套资源：素材\项目六\01.mov~11.mov），最后点击

完成 11 按钮，如图6-26所示。

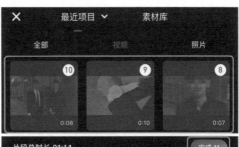

图6-26

步骤02 进入快影App的编辑界面，点击上方的 比例 按钮，如图6-27所示。

图6-27

步骤03 进入"比例调整"界面，选择"16:9"选项，打开"内容安全区提示"栏中的开关，然后点击"确定"按钮☑，如图6-28所示。

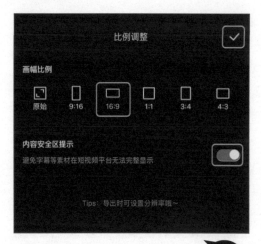

图6-28

步骤04 选择时间轴上的第1个视频素材，点击下方工具栏中的"分离音频"按钮，如图6-29所示。

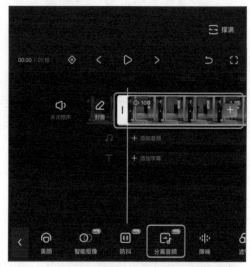

图6-29

步骤05 自动选择分离出的音频部分，点击工具栏中的"删除"按钮，如图6-30所示，将分离出的音频删除。

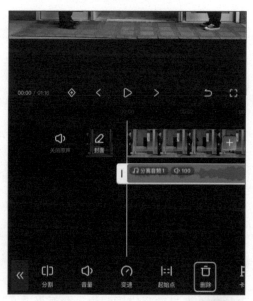

图6-30

步骤06 按相同方法将其他视频素材中的音频分离出来并删除，如图6-31所示。

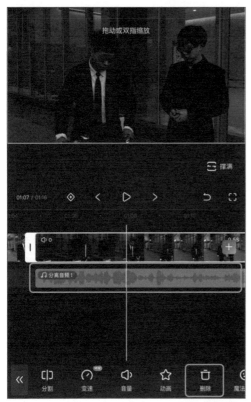

图6-31

活动2 剪辑并设置视频变速

小艾接下来将严格按照分镜头脚本对视频素材进行剪辑，并重点利用变速功能来控制每个镜头的时长，同时增强画面的表现力，具体操作如下。

微课：剪辑并设置视频变速

步骤01 选择时间轴上的第1个视频素材，拖曳素材两端的控制条将视频时长调整为"3.5s"，然后点击工具栏中的"变速"按钮，如图6-32所示。

图6-32

步骤02 在显示的界面中点击"曲线变速"选项卡，点击"自定义"缩略图，然后点击该缩略图上的"编辑"按钮，如图6-33所示。

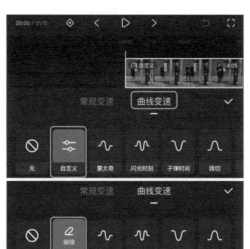

图6-33

步骤03 进入"自定义"界面，拖曳现有控制点的位置，使视频素材的时长从"3.5s"调整为"4.0s"，然后点击"返回"按钮 ，如图6-34所示。

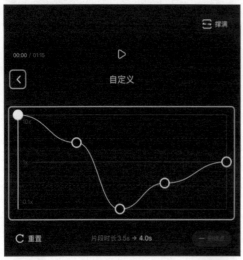

图6-34

步骤04 返回"曲线变速"选项卡，点击"确定"按钮 ，如图6-35所示。

图6-35

步骤05 选择第2个视频素材，根据分镜头脚本的要求将其时长调整为"5.0s"，如图6-36所示。

图6-36

步骤06 选择第3个视频素材，同样根据分镜头脚本的要求将其时长调整为"4.0s"，如图6-37所示。

图6-37

✎ **经验之谈**

　　剪辑视频时，不能只注意视频素材的时长，同时还要考虑画面内容的衔接是否自然，这样才能使剪辑后的短视频流畅。

步骤07 选择第4个视频素材，将其时长调整为"7.0s"，然后点击工具栏中的"变速"按钮，如图6-38所示。

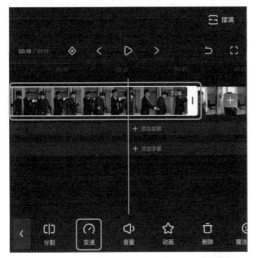

图6-38

步骤08 在默认的"常规变速"选项卡中拖曳速度滑块至"0.8×"的位置，将视频素材时长从"7.0s"调整为"8.8s"，然后点击"确定"按钮，如图6-39所示。

图6-39

步骤09 选择第5个视频素材，点击工具栏中的"变速"按钮，在显示的界面中点击"曲线变速"选项卡，依次点击"自定义"缩略图和缩略图上的"编辑"按钮，进入"自定义"界面，拖曳现有控制点的位置，使视频素材的时长不变，然后点击"返回"按钮，如图6-40所示。

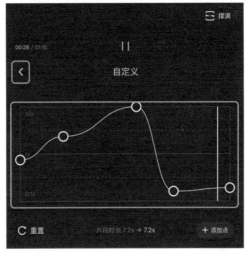

图6-40

步骤10 返回"曲线变速"选项卡，点击"确定"按钮，如图6-41所示。

图6-41

步骤11 选择第6个视频素材，根据分镜头脚本的要求将其时长调整为"5.0s"，如图6-42所示。

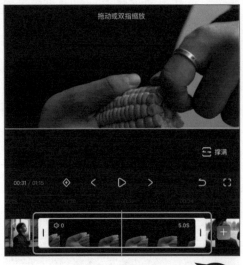

图6-42

步骤12 选择第7个视频素材，将其视频时长调整为"1.8s"，然后点击工具栏中的"变速"按钮，如图6-43所示。

图6-43

步骤13 在"常规变速"选项卡中拖曳速度滑块至"0.6×"的位置，将视频时长从"1.8s"调整为"3s"，然后点击"确定"

按钮，如图6-44所示。

图6-44

步骤14 选择第8个视频素材，将其视频时长调整为"2.1s"，然后点击工具栏中的"变速"按钮，如图6-45所示。注意此镜头的动作应与上一个镜头的动作自然衔接。

图6-45

步骤15 在"常规变速"选项卡中拖曳速度滑块至"0.4×"的位置，将视频时长从"2.1s"调整为"5.3s"，然后点击"确定"按钮，如图6-46所示。

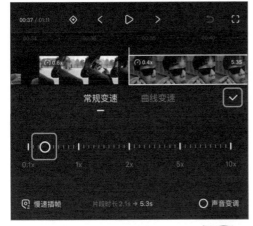

图6-46

步骤16 选择第9个视频素材，直接点击工具栏中的"变速"按钮 ⚙，通过自定义曲线变速调整各控制点的位置，将视频时长从"9.1s"调整为"7.5s"，点击"返回"按钮 ⟨，如图6-47所示。

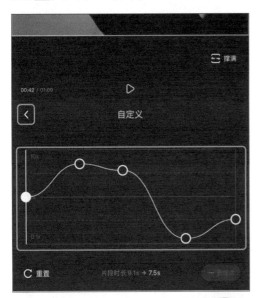

图6-47

步骤17 拖曳第9个视频素材右侧的控制条，将其长度调整为"6s"，如图6-48所示。

图6-48

步骤18 选择第10个视频素材，根据分镜头脚本的要求调整其视频时长为"7.0s"，如图6-49所示。

图6-49

步骤19 选择第11个视频素材，进入自定义曲线变速的设置界面，在最后两个控制点之间点击屏幕定位目标位置，然后点击右下角的 ➕添加点 按钮，如图6-50所示。

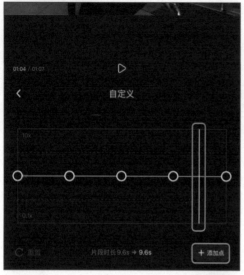

图6-50

步骤20 通过拖曳操作调整各控制点的位置，将视频时长从"9.6s"调整为"11.0s"，点击"返回"按钮 ，如图6-51所示。

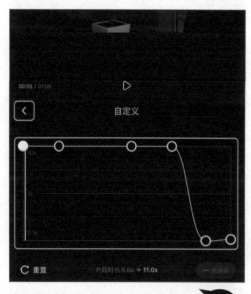

图6-51

活动3 调整画面并添加转场效果

微课：调整画面并添加转场效果

为了提升画面质量和各个镜头之间的衔接效果，小艾对画面的各种参数进行了调节，然后在镜头之间添加了转场效果，具体操作如下。

步骤01 选择第1个视频素材，在工具栏中点击"调节"按钮 ，如图6-52所示。

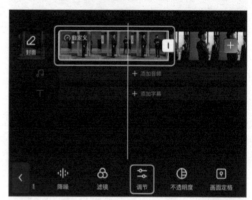

图6-52

步骤02 显示调节界面，点击"曝光"按钮 ，拖曳下方的控制点将曝光参数调整为"30"，如图6-53所示。

图6-53

步骤03 点击"对比度"按钮，拖曳下方的控制点将对比度参数调整为"11"，如图6-54所示。

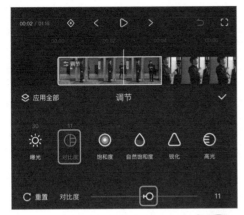

图6-54

步骤04 按相同方法将饱和度参数和色温参数分别设置为"5"和"50"，依次点击 应用全部 按钮和"确定"按钮 ✓，如图6-55所示。

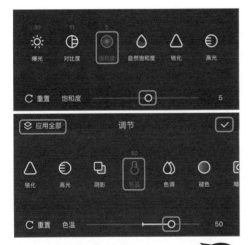

图6-55

步骤05 选择最后一个视频素材，点击"调节"按钮 ，单独将其曝光参数和饱和度参数设置为"80"和"-20"，点击"确定"按钮 ✓，如图6-56所示。

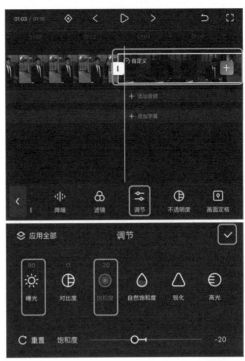

图6-56

步骤06 点击第1个视频素材和第2个视频素材之间的"转场"按钮 ，在显示的"转场"界面中点击"运镜"选项卡，选择"逆时针旋转"缩略图，并拖曳控制点将转场时长调整为"0.5s"，依次点击 应用全部 按钮和"确定"按钮 ✓，如图6-57所示。

图6-57

步骤07 点击老板将玉米粒贴到耳朵上的两个视频素材之间的"转场"按钮⊠，在显示的"转场"界面中点击"无"图标⊘，表示不使用任何转场效果（此时视频素材之间的按钮会变为▯），然后点击"确定"按钮✓，如图6-58所示。

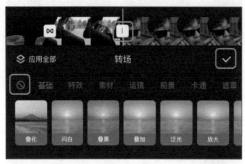

图6-58

活动4 添加片头和片尾

为了让情景短视频的结构更加完整，小艾充分利用了快影App的片头和片尾资源，并结合字幕功能，为短视频添加了高质量的片头和片尾，具体操作如下。

微课：添加片头和片尾

步骤01 将时间轴定位器定位到短视频最前面，点击右侧的"添加"按钮＋，如图6-59所示。

图6-59

步骤02 在显示的界面中点击"素材库"选项卡，然后点击"片头"选项卡，并选择图6-60所示的片头效果。

图6-60

步骤03 预览所选片头效果，确认无误后点击下方的 按钮，如图6-61所示。

图6-61

步骤04 在显示的界面中点击 [完成1] 按钮，如图6-62所示。

图6-62

步骤05 所选片头将被添加到短视频最前面。选择第1个视频素材，点击"添加"按钮 [+]，如图6-63所示。

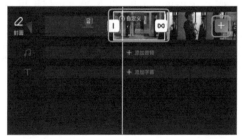

图6-63

步骤06 按相同方法在素材库的"片头"选项卡中选择图6-64所示的片头效果，依次点击 [确定] 按钮和 [完成1] 按钮。

图6-64（a）

图6-64（b）

步骤07 在素材库中添加"基础"选项卡下的黑色片头，如图6-65所示。

图6-65

步骤08 将添加的黑色片头的时间长度调整为"3.0s"，如图6-66所示。

图6-66

步骤09 取消选择黑色片头，在工具栏中依次点击"字幕"按钮**T**和"加字幕"按钮**A+**，如图6-67所示。

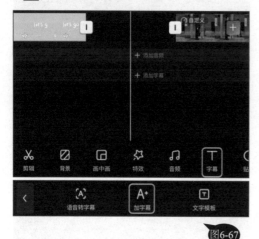

图6-67

步骤10 输入"老板见客户"字幕，将字号设置为"32"，拖曳字幕至画面中心，在"样式"选项卡中选择白底字幕样式，并选择"优设标题"选项，如图6-68所示。

图6-68

步骤11 点击"动画"选项卡，然后选择"入场动画"选项卡下的"羽毛写字"动画缩略图，拖曳控制点将动画时长调整为"2.0s"，点击"确定"按钮**√**，如图6-69所示。

图6-69

步骤12 在时间轴上将字幕素材的时间长度调整为刚刚能够完整显示动画效果，然后将其移至黑色片头的中央，如图6-70所示。

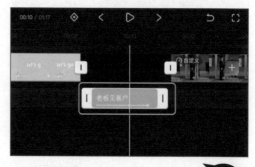

图6-70

步骤13 选择时间轴上的片尾对象,点击工具栏中的"删除"按钮🗑,如图6-71所示。

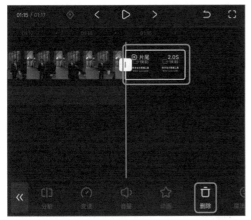

图6-71

步骤14 点击"添加"按钮➕,在素材库的"片尾"选项卡下选择图6-72所示的片尾效果,然后依次点击 确定 按钮和 完成1 按钮。

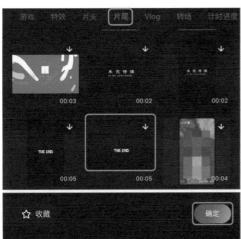

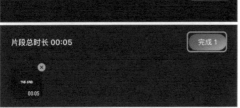

图6-72

步骤15 预览片尾效果,默认添加的片尾对象的位置和时间长度,如图6-73所示。

图6-73

➡ 活动5 添加音乐、音效

小艾使用的是内置iOS的手机,因此她需要借助iTunes将保存在计算机上的音频素材同步到手机上,以便在快影App中添加音频素材,具体操作如下。

微课:添加音乐、音效

步骤01 在计算机上安装iTunes并打开该软件,选择【文件】/【将文件添加到资料库(A)】命令,如图6-74所示。

图6-74

步骤02 打开"添加到资料库"对话框，按【Shift】键选择多个音频素材（配套资源：素材\项目六\台词1.m4a~台词6.m4a、反转音效.mp3、强调性音效.mp3、入场音乐.mp3、上海滩.mp3），单击 打开(O) 按钮，如图6-75所示。

图6-75

✏️ **经验之谈**

录制台词或旁白时，可以使用计算机上的录音机程序或安装在计算机上的其他音频处理软件，如Audition、GoldWave等；如果使用手机录制台词或旁白，可以使用iOS手机的"语音备忘录"功能或Android系统手机的"录音"功能。

步骤03 在iTunes中按【Shift】键选择要添加的音频素材，在其上右击，在弹出的快捷菜单中选择【添加到设备】/【xc】命令，如图6-76所示。

图6-76

✏️ **经验之谈**

Android系统支持在计算机上登录微信，通过微信中的文件传输助手将音频素材传输到手机的微信上，然后将其保存，这样就可以在快影App的"本地音频"选项卡中找到并使用这些音频素材。

步骤04 在快影App中选择黑色片头，点击 ➕添加音频 按钮，如图6-77所示。

图6-77

步骤05 在显示的界面中点击"导入"选项卡，点击 📁本地音频 按钮，选择"入场音乐"选项，点击 使用此音乐 按钮，如图6-78所示。

图6-78

步骤06 拖曳音频素材右侧的控制条，将其拖曳到与第3个视频素材的右端对齐，如图6-79所示。

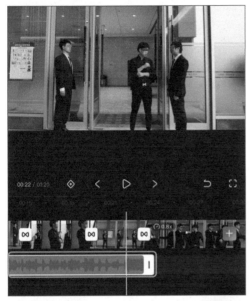

图6-79

步骤07 将时间轴定位器定位到第3个和第4个视频素材之间，并取消选择任何素材，点击工具栏中的"音乐"按钮🎵，如图6-80所示。

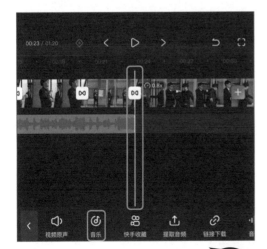

图6-80

步骤08 在显示的界面中点击"导入"选项卡，点击 📁本地音频 按钮，选择"上海滩"选项，点击 使用此音乐 按钮，如图6-81所示。

图6-81

步骤09 拖曳音频素材右侧的控制条，将其拖曳到与最后一个视频素材的右端对齐，如图6-82所示。

图6-82

步骤10 选择"入场音乐"音频素材，点击工具栏中的"淡入淡出"按钮，如图6-83所示。

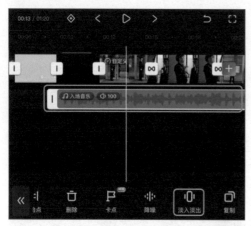

图6-83

步骤11 在显示的界面中分别将淡入时长和淡出时长调整为"5.0s"和"2.0s"，点击"确定"按钮，如图6-84所示。

图6-84

步骤12 按相同方法将"上海滩"音频素材的淡出时长设置为"2.0s"，点击"确定"按钮，如图6-85所示。

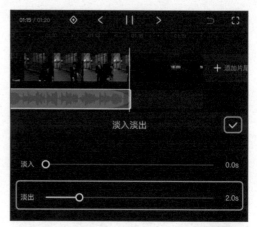

图6-85

步骤13 通过本地导入的方式添加"强调性音效"，将其移至戴手表的镜头处，点击工具栏中的"音量"按钮，如图6-86所示。

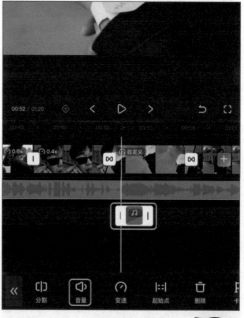

图6-86

步骤14 在显示的界面中拖曳音量控制点，将参数设置为"20"，点击"确定"按钮，如图6-87所示。

短视频制作（全彩慕课版）

144

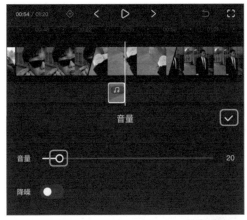

图6-87

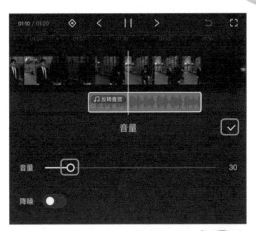

图6-89

步骤15 添加"反转音效",将控制条拖曳到与最后一个视频素材右端对齐,点击工具栏中的"音量"按钮 🔊,如图6-88所示。

步骤17 根据镜头画面添加"台词1"音频素材,如图6-90所示。适当裁剪其中无用的部分,保留"老板!早上好!"。

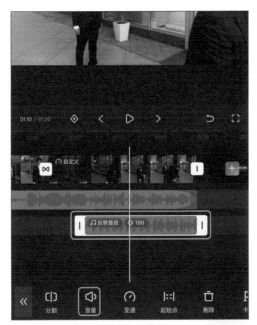

图6-88

图6-90

步骤16 在显示的界面中拖曳音量控制点,将参数设置为"30",点击"确定"按钮 ✅,如图6-89所示。

步骤18 添加"台词2"音频素材，选择该素材，点击工具栏中的"变速"按钮，如图6-91所示。

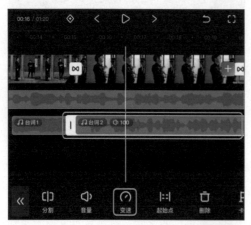

图6-91

步骤19 在显示的界面中拖曳控制点，将参数设置为"1.4×"，点击"确定"按钮，如图6-92所示。

图6-92

步骤20 按相同方法在对应的位置添加台词3~台词6音频素材，然后将"台词5"音频素材的播放速度设置为"1.2×"，点击

"确定"按钮，如图6-93所示。

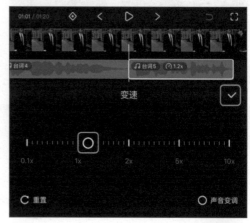

图6-93

活动6　添加字幕并发布短视频

小艾接下来需要根据音频中的内容为短视频添加对应的字幕，然后发布短视频，具体操作如下。

微课：添加字幕并发布短视频

步骤01 将时间轴定位器定位到"台词1"音频素材的左端，点击工具栏中的"字幕"按钮，如图6-94所示。

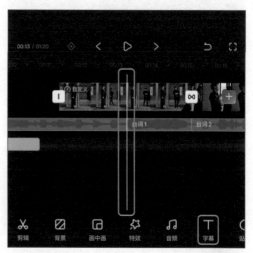

图6-94

步骤02 在显示的界面中点击工具栏中的"加字幕"按钮 ![A+]，如图6-95所示。

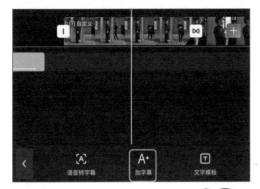

图6-95

步骤03 在显示的界面中输入字幕内容，然后在"样式"选项卡下设置字体的样式和字体，然后调整字幕的字号和位置，如图6-96所示。

图6-96

步骤04 依次点击"动画"选项卡和"入场动画"选项卡，选择"无动画"缩略图，然后点击"确定"按钮 ![✓]，如图6-97所示。

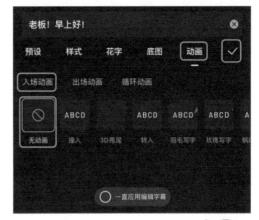

图6-97

步骤05 根据台词的位置裁剪字幕的长度，使字幕与台词出现的时间吻合，如图6-98所示。

图6-98

步骤06 按照相同的方法为其他台词添加对应的字幕，然后调整字幕在时间轴上的位置和时长，确保字幕与台词出现的时间吻合，如图6-99所示。

图6-99

步骤07 从头到尾预览制作的短视频内容，确认无误后点击界面右上角的 按钮，如图6-100所示。

图6-100

步骤08 在"导出设置"界面中点击 编辑封面 按钮，如图6-101所示。

图6-101

步骤09 拖曳时间轴定位器定位到作为封面的画面，然后点击 下一步 按钮，如图6-102所示。

图6-102

步骤10 在显示的界面中可为封面添加各种元素，这里不添加，直接点击 保存 按钮，如图6-103所示。

图6-103

步骤11 返回"导出设置"界面，点击 导出并分享 按钮，如图6-104所示。

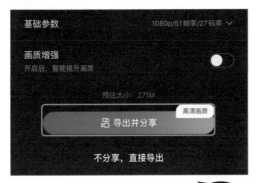

图6-104

步骤12 快影App开始导出短视频并显示具体进度。导出完成后将自动跳转到快手App的发布界面（需提前安装快手App到手机），根据需要设置发布信息后，点击 发布 按钮，如图6-105所示。成功发布后就能让其他快手用户看到此短视频（配套资源：效果\项目六\老板—快影版.mp4）。

图6-105

同步实训——制作"还钱"短视频

本次实训要求制作"还钱"短视频，展现的是两同事之间因为借钱和还钱发生的趣事，大致内容为同事甲以委婉的方式提醒同事乙还没还钱，同事乙知道后找借口逃避还钱的事情。

表6-2所示为"还钱"短视频分镜头脚本。同学们可以组建3人团队，1人负责用手机拍摄，其余2人负责出镜演绎故事剧情，然后一起使用快影App进行后期剪辑，最后发布到快手App。整个制作思路可参考本项目中的"草根老板"短视频，录制台词时可以尝试直接使用快影App中"音频"功能下的"录音"功能。

在制作短视频时，要注意及时沟通、自然演绎，拍摄的画面要美观，镜头切换要自然等。图6-106所示为"还钱"短视频的参考效果。

表6-2 "还钱"短视频分镜头脚本

分镜	景别	镜头	画面	时长 / 秒
1	全景	固定镜头	同事甲在办公室上网，同事乙开门进入并随手关上门	3
2	中景	固定镜头	同事乙拿出手机并专心观看	2
3	中景	固定镜头	同事甲抬头问同事乙："哎，小军，你是不是有一件这样的衣服？"	3
4	特写	固定镜头	展示计算机屏幕上的衣服图片	1
5	近景	固定镜头	同事乙回答："是呀，怎么了？你也想买一件？"	3
6	近景	固定镜头	同事甲说："你上星期打麻将说欠我三百元时穿的就是这件衣服。"	4
7	特写	固定镜头	在同事甲说出上一个镜头中的话时镜头切换到同事乙	1
8	近景	固定镜头	在说话的过程中将镜头切换回同事甲	1
9	近景	固定镜头	同事乙赶忙拿起电话，假装接电话："喂，什么！这么严重！我马上过来！"	4
10	近景	固定镜头	在同事乙说出上一个镜头中的话时切换到同事甲有点生气的表情，然后再切换回来	2
11	中景	固定镜头	同事乙一边说"等着我！我马上过来！行！行！好的！好的"，一边开门离开	4

短视频成片总时长：28秒

图6-106

项目小结

- 策划情景短视频
  - 策划"草根老板"短视频的选题：定位拍摄视角、策划拍摄风格、确定拍摄内容
  - 撰写"草根老板"短视频分镜头脚本
- 拍摄情景短视频
  - 人、场、物的准备：人员配置、场地选择、器材与道具准备
  - 分镜头拍摄详解
- 使用快影App剪辑短视频
  - 处理画面比例并分离音频
  - 剪辑并设置视频变速
  - 调整画面并添加转场效果
  - 添加片头和片尾
  - 添加音乐、音效
  - 添加字幕并发布短视频

（制作情景短视频）

项目七 制作宠物短视频

7

宠物短视频也是比较热门的短视频类型，公司最近也接了一个宠物用品的短视频制作项目，小艾主要负责宠物短视频的制作。这是小艾第一次制作宠物类型的短视频，为此，小艾开始深入研究。

知识目标

- 了解宠物短视频的基本拍摄方法。
- 了解快剪辑App的基本功能。

技能目标

- 掌握快剪辑App的使用方法。
- 能够得心应手地拍摄高质量的宠物短视频。

素养目标

- 通过拍摄小动物视频培养耐心。
- 通过与小动物亲密接触，建立人与动物和谐共处的正确观念。

任务一 | 策划宠物短视频

任务描述

　　宠物一般对陌生的环境比较警惕，在拍摄宠物短视频时，宠物容易因为不适应环境而显得怯生生的。小艾请教了有经验的同事后才明白，拍摄宠物短视频要先与宠物建立起亲密的关系，然后诱导宠物配合拍摄。

任务实施

➜ 活动1 策划"捣蛋小猫"短视频的选题

　　有了同事的指点，小艾对这次短视频的拍摄胸有成竹。她已经考虑好了拍摄方式，对拍摄类型和内容也做了前期策划，具体步骤如下。

第一步 明确拍摄方式

　　拍摄者可以通过在日常生活中拍摄积累宠物的各种视频素材，但这样会花费大量的时间。因此许多宠物短视频的创作者会更多地选择以下两种拍摄方式。

　　第一种是诱导法，这是较常见也更容易让宠物配合拍摄的方法，是指通过食物、玩具等宠物感兴趣的东西，诱导宠物做出各种动作，从而得到想要的画面。例如，想拍摄宠物奔跑的画面，可以在远处拿着食物或玩具，向宠物示意，吸引宠物跑过来。图7-1所示是拍摄者拿着小狗爱吃的零食，吸引它跑向镜头的画面。

图7-1

　　第二种是口令法，即向宠物发布指令来让宠物完成指定的动作或行为。这种方法有效的前提是宠物与主人之间建立了亲密的关系，且宠物经过了长时间的训练。图7-2所示是主人正在训练宠物衔住树叶的场景。

图7-2

小艾在此次拍摄中会综合使用诱导法与口令法，让小猫尽可能地完成预期动作。

第二步 规划拍摄类型

目前，各大短视频平台发布了大量宠物短视频，其类型主要有可爱、捣蛋、搞笑3种短视频类型。

可爱类宠物短视频展现宠物的天真可爱，属于"治愈系"短视频，能够温暖用户的内心，因此深受用户喜爱，可爱类宠物如图7-3所示；捣蛋类宠物短视频能够充分展现宠物古灵精怪的性格，让用户看到宠物的各种捣乱行为，捣蛋类宠物如图7-4所示；搞笑类宠物短视频则展示宠物的各种搞笑表情或搞笑行为，搞笑类宠物如图7-5所示。小艾根据要拍摄的小猫的性格特点，选择拍摄捣蛋类短视频。

图7-4

图7-3

图7-5

第三步 确定拍摄内容

小艾准备通过小猫踩键盘、撞倒水杯、撞翻铲子等3个主要镜头来反映其捣蛋的行为。相关的捣蛋场景都是提前设计好的，小猫入镜完成相应动作即可。小艾准备重点利用后期剪辑使短视频生动。

总体来说，这个短视频的大致内容为：主人在工作，小猫想通过主动劳动来吸引主人关注，没想到它的行为不仅没有帮到主人，反而给主人添乱，最后呈现"未完待续"的字幕结束短视频，让用户期待后面的故事。

➡ 活动2 撰写"捣蛋小猫"短视频分镜头脚本

根据前期对短视频的策划，小艾撰写了分镜头脚本，如表7-1所示。

表7-1 "捣蛋小猫"短视频分镜头脚本

分镜	景别	镜头	画面	时长/秒
1	近景	固定镜头	拍摄主人用手抚摸小猫，小猫躺在床上探头探脑后下床的画面	25
2	近景	固定镜头	拍摄小猫爬到主人的办公桌上并不停地踩键盘的画面	13
3	近景	固定镜头	拍摄主人在倒水时小猫猛冲过去撞倒水杯并回头张望的画面	11
4	近景	固定镜头	拍摄主人用工具清理猫砂时，小猫猛冲过去撞翻工具的画面	13
5	近景	推镜头	拍摄猫砂掉在地上的画面	6

短视频成片总时长：1分08秒

任务二 | 拍摄宠物短视频

任务描述

为了顺利完成这次拍摄任务，小艾花费了不少心思，她长时间陪小猫玩耍，与小猫建立了友好关系，小猫能听懂她的一些简单口令。这样一来，小艾已经具备了基本的拍摄条件。

任务实施

➡ 活动1　人、场、物的准备

针对这次拍摄任务，小艾有针对性地对人、场、物做了充分的准备，具体步骤如下。

第一步 人员配置

小艾组建了3人的拍摄团队。首先她邀请同事小光担任摄影师，并就自己需要的拍摄效果与小光进行了充分沟通，以确保拍摄内容符合预期。另外，小艾还邀请了小美来辅助自己完成场地布置、道具准备、布光等一系列事务，以及扮演小猫的"主人"。

第二步 场地布置

小艾搜罗了一些好看又实用的小道具，在公司的办公区域布置了拍摄场地，并将各种道具放置在场地中。

第三步 器材准备

为了更好地体现小猫的动作和毛发的质感，小艾决定使用拍摄功能更加强大的数码相机进行拍摄。如果现场光线不足，可以适当增加辅助光源，但不使用反光板，以免小猫在拍摄时出现恐惧或其他不适反应。

➡ 活动2　分镜头拍摄详解

准备就绪后，小艾和同事们按照分镜头脚本开始拍摄工作，具体步骤如下。

步骤01　在公司会客区利用网上购买的小道具搭成小猫的小床，在床上铺上床垫和枕头，让小猫睡在上面。使用固定镜头拍摄主人用手抚摸小猫，小猫在床上探头探脑然后下床的画面，如图7-6所示。

图7-6

步骤02　在公司办公桌上，小美正在使用键盘输入信息，此时小猫跳上桌子用爪子肆无忌惮地踩着键盘，如图7-7所示，使用固定镜头近景拍摄这一过程。前期可以在计算机键盘上涂抹一些小猫喜欢的食物，引导它跳上办公桌踩键盘。

图7-7

步骤03 使用固定镜头近景拍摄小美正在公司展示区的桌子上倒水，此时小猫突然冲过来撞倒水杯，杯里的水洒在桌上，小猫跳开后回头张望的画面，如图7-8所示。拍摄时小艾使用声音或动作来引导小猫扑向水杯。

图7-8

步骤04 使用固定镜头近景拍摄小美铲猫砂，小猫猛然跳过来撞翻铲子的画面，如图7-9所示。拍摄时，小艾同样利用声音、动作或玩具等引导小猫跨过猫砂盆撞翻铲子。

步骤05 使用推镜头近景拍摄撞翻后的猫砂，如图7-10所示。

图7-9

图7-10

任务三 | 使用快剪辑App剪辑短视频

任务描述

通过大家的完美配合，拍摄终于完成。下面小艾就需要考虑如何通过后期剪辑，将这些画面变得更加生动、活泼、有趣。小艾需要在后期剪辑中为宠物短视频添加音效、字幕、贴纸等对象来丰富画面。小艾这次准备使用快剪辑App来完成短视频的剪辑和发布等操作，最终制作好的短视频效果如图7-11所示。

图7-11

知识窗

快剪辑App是北京奇虎科技有限公司开发的一款视频编辑软件，具备音频、字幕、特效、画布、美化、画中画、装饰、贴纸、进度条等基本功能，如图7-12所示。

图7-12

- 音频：点击"音频"按钮🎵，将显示"音频"工具栏，包含添加背景音乐、添加音效、提取视频音乐、录音等功能，如图7-13所示。

图7-13

- 字幕：点击"字幕"按钮🅣，将显示"字幕"工具栏，包含添加普通字幕、识别视频中的人声、根据中文字幕自动生成英文字幕、添加章节字幕（即在黑屏下显示字幕）等功能，如图7-14所示。

图7-14

- 特效：点击"特效"按钮🄰，将显示各种特效样式，如图7-15所示。

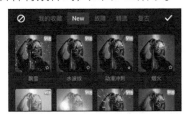

图7-15

- 画布：点击"画布"按钮🄰，可在显示的界面中设置短视频的画布比例，编辑画布的大小和方向，设置画布的背景颜色和样式，如图7-16所示。

图7-16

- 美化：点击"美化"按钮🖌，可在显示的界面中为短视频添加各种滤镜效果，调整短视频画面质量，为画面添加马赛克等，如图7-17所示。

图7-17

- 画中画：点击"画中画"按钮🄻，可选择其他视频素材并添加到另一条视频轨道上，然后可以调整该视频素材的大小、位置，并设置画中画的混合模式、蒙版效果和动画效果，如图7-18所示。

图7-18

- 装饰：点击"装饰"按钮⭐，可进入"素材库"界面，在该界面中可以为短视频导入各种已有的素材，这些素材已经预设了字幕、声音和动画等效果，使用起来非常方便，如图7-19所示。

图7-19

- 贴纸：点击"贴纸"按钮 ，可在显示的界面中为短视频添加并设置各种贴纸，如图7-20所示。

- 进度条：点击"进度条"按钮 ，可在显示的界面中为短视频添加并设置进度条，如图7-21所示。

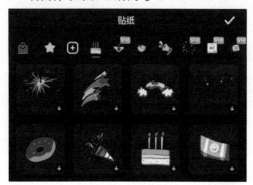

图7-20

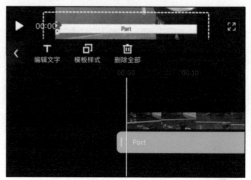

图7-21

经验之谈

　　在快剪辑App中选择某段视频素材后，不仅可以实现对该段素材添加滤镜、调节画质、添加动画、设置播放速度和顺序等基本视频剪辑操作，还可以调整视频素材的焦点，实现推镜头、拉镜头、移镜头等各种变焦效果。

任务实施

→ 活动1　传输并调整视频素材

　　小艾使用的数码相机没有无线传输功能，因此她只能将视频素材传输到计算机上，然后从计算机传输到手机上。完成后就可以使用快剪辑App调整画布，将横屏画面调整为竖屏画面。传输并调整视频素材的具体操作如下。

微课：传输并调整视频素材

步骤01　按照本书项目四介绍的方法，将数码相机中的视频素材传输到计算机上，如图7-22所示。

步骤02　打开QQ，双击"我的iPhone"，在打开的聊天窗口中单击"传送文件"按钮 ，如图7-23所示。

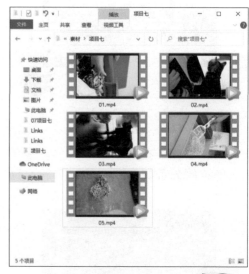

图7-22

图7-23

件，如图7-25所示。

图7-25

步骤03 在"打开"对话框中，选择"01.mp4～05.mp4"视频文件（配套资源：素材\项目七\01.mp4~05.mp4），单击 打开(O) 按钮，如图7-24所示。

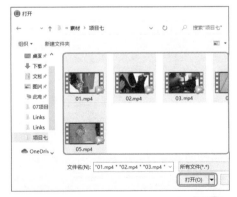

图7-24

步骤04 在手机上打开QQ，点击"我的电脑"，在显示的界面中将看到正在传输文

步骤05 当文件传输完成后，点击"01.mp4"文件，在显示的界面中点击右下角的"操作"按钮 ，在弹出的下拉列表中选择"保存到手机"选项，如图7-26所示。

图7-26

步骤06 按照相同方法将其他视频素材保存到手机上，方便后面通过手机相册将视频素材导入快剪辑App中，如图7-27所示。

图7-27

步骤07 打开快剪辑App，点击主界面中的"剪辑"按钮✂，如图7-28所示。

图7-28

步骤08 在显示的界面中按照视频素材的播放顺序依次选择对应的缩略图，然后点击 导入 按钮，如图7-29所示。

步骤09 进入快剪辑App的编辑界面，点击"画布"按钮▨，如图7-30所示。

步骤10 进入设置画布比例的界面，选择"9:16"比例，点击"确定"按钮✓，如图7-31所示。

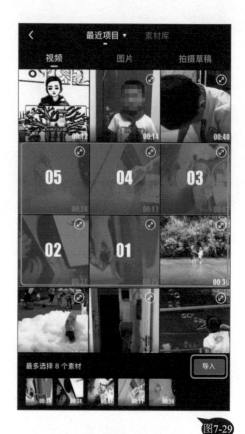

图7-29

图7-30

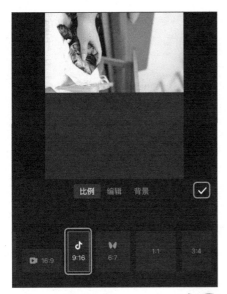

图7-31

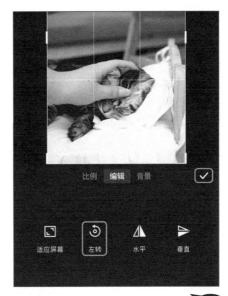

图7-33

步骤11 选择第1段视频素材，点击"编辑"按钮，如图7-32所示。

步骤13 按相同方法依次调整其他视频素材的方向，将其显示状态从横屏转换成竖屏，如图7-34所示。

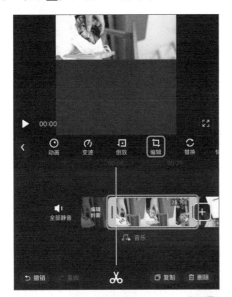

图7-32

步骤12 进入视频素材的编辑界面，点击"左转"按钮调整素材方向，然后点击"确定"按钮，如图7-33所示。

图7-34

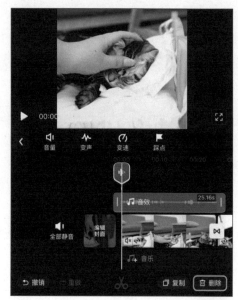

图7-36

经验之谈

在快剪辑App中执行了视频剪辑操作后，可点击界面左上角的 存草稿 按钮及时将剪辑成果存储在草稿箱中。重新打开快剪辑App后，点击主界面中的"草稿箱"按钮📱，便可找到该剪辑成果，点击它就能继续执行剪辑操作。

➡️ 活动2 剪辑视频内容

接着，小艾便开始视频剪辑工作，具体操作如下。

步骤01 选择第1个视频素材，向左滑动工具栏，点击"音频分离"按钮🔄，如图7-35所示。

微课：剪辑视频内容

步骤03 选择第2个视频素材，向左滑动工具栏，点击"音频分离"按钮🔄，如图7-37所示。

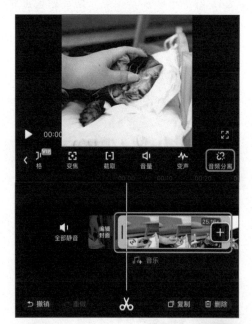

图7-35

图7-37

步骤02 所选视频素材的音频内容将自动被分离出来，点击右下角的 🗑删除 按钮将其删除，如图7-36所示。

步骤04 直接点击右下角的 🗑删除 按钮将分离出来的音频内容删除，如图7-38所示。

图7-38

图7-40

步骤05 按照以上方法，将其他视频素材中的音频内容分离出来并删除，如图7-39所示。

步骤07 选择剪切后定位器右侧的视频片段，点击工具栏中的"变速"按钮，如图7-41所示。

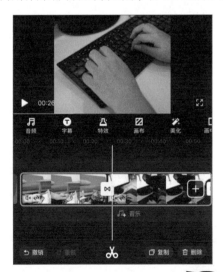

图7-39

图7-41

步骤06 选择第1个视频素材，拖曳视频素材，将画面定位在小猫跳下床后的位置，点击下方的"剪切"按钮，将视频素材分成两段，如图7-40所示。

步骤08 在设置变速的界面，点击下方的设置按钮，如图7-42所示。

图7-42

图7-45所示。后面将在此画面上制作标题字幕。

图7-44

步骤09 打开"请输入视频变速后的时长"界面，在文本框中输入"3"，点击 确定 按钮，如图7-43所示。

图7-43

图7-45

步骤10 返回设置变速的界面，点击"确定"按钮 ✓，如图7-44所示。

步骤11 所选视频素材的播放时长便设置为3秒，同时显示了"1.13×"的字样，说明视频将以1.13倍的速度加速播放，如

步骤12 选择第2个视频素材，拖曳视频素材，将画面定位在小猫刚要出现在镜头前的位置，点击下方的"剪切"按钮 ✂ 将视频素材分成两段，如图7-46所示。

图7-46

双手移出画面外的位置，如图7-48所示。

图7-48

步骤13 选择剪切后定位器左侧的视频片段，点击"变速"按钮 按相同方法将播放时长设置为"3s"，点击"确定"按钮 ，如图7-47所示。

步骤15 选择并拖曳该视频片段，将画面定位在小猫刚刚歪头去舔屏幕的位置，点击下方的"剪切"按钮 ，再次将视频素材分成两段，如图7-49所示。

图7-47

图7-49

步骤14 选择定位器右侧的视频片段，拖曳右端的黄色控制条，将画面裁剪到主人的

步骤16 选择剪切后定位器右侧的视频片段，点击下方的 复制 按钮复制所选的视频片段，如图7-50所示。

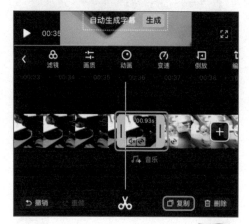

图7-50

步骤17 选择复制的视频片段，点击"变焦"按钮，如图7-51所示。

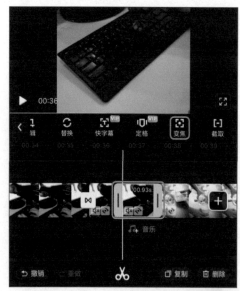

图7-51

步骤18 进入设置变焦的界面，选择下方的第1种变焦样式，拖曳控制滑块将变焦程度调整为"10.0"，点击"确定"按钮，如图7-52所示。

图7-52

步骤19 点击"变速"按钮将该视频片段的播放时长设置为2秒，点击"确定"按钮，如图7-53所示。

图7-53

经验之谈

拖曳变速控制点时，界面中将同步显示在当前播放速度的情况下视频片段的播放时长，便于用户更直观地调整速度。

步骤20 点击"画质"按钮，如图7-54所示。

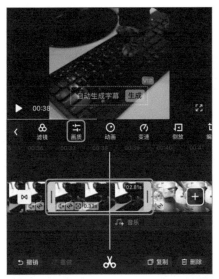

图7-54

下方的"剪切"按钮🔗将视频素材分成两段，如图7-56所示。

图7-56

步骤21 进入设置画质的界面，点击下方的"饱和度"按钮◈，拖曳控制滑块将饱和度设置为"-5.0"，点击"确定"按钮✓，如图7-55所示。

步骤23 选择剪切后定位器左侧的视频片段，点击"变速"按钮⊘将播放时长设置为"03.00s"，如图7-57所示。

图7-55

图7-57

步骤22 选择第3个视频素材，拖曳视频素材，将画面定位在水倒出前的位置，点击

步骤24 选择剪切后定位器右侧的视频片

段，拖曳视频素材，将画面定位在小猫打翻水杯的位置，点击下方的"剪切"按钮 ✂ 将视频片段再次分成两段，如图7-58所示。

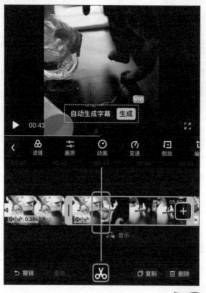

图7-58

步骤25 选择剪切后定位器左侧的视频片段，点击下方的 复制 按钮，复制所选的视频片段，如图7-59所示。

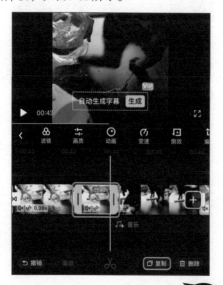

图7-59

步骤26 选择复制的视频片段，拖曳其左侧的控制条，将画面裁剪到小猫刚要撞上水杯的位置，如图7-60所示。

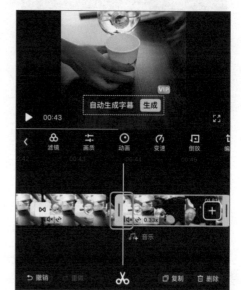

图7-60

步骤27 将复制的视频片段的时长设置为2秒，如图7-61所示。

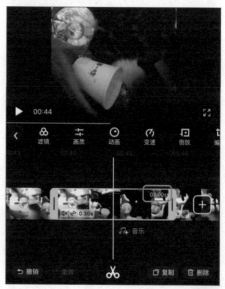

图7-61

步骤28 点击"画质"按钮 将该视频片段的饱和度设置为"-5.0",点击"确定"按钮 ✓,如图7-62所示。

图7-62

步骤29 拖曳第3个视频素材最后的视频片段右侧的控制条,将画面裁剪到小猫回头张望的位置,如图7-63所示。

图7-63

步骤30 将该视频片段的时长设置为3秒,如图7-64所示。

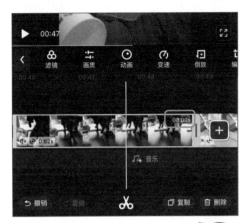

图7-64

步骤31 点击"变焦"按钮 将该视频片段的变焦程度和变焦样式分别设置为图7-65所示的数值和效果,点击"确定"按钮 ✓。

图7-65

步骤32 选择第4个视频素材,拖曳其两端的控制条,将画面内容裁剪为主人用铲子铲猫砂,小猫冲过来撞翻铲子的部分,如图7-66所示。

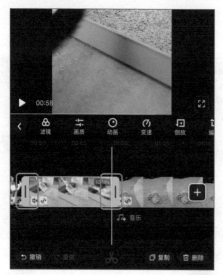

图7-66

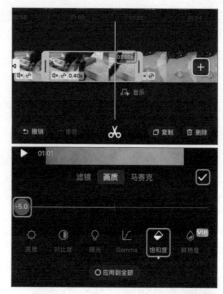

图7-68

步骤33 在小猫即将冲过去撞翻铲子的位置剪切视频素材，并复制剪切后定位器右侧的视频片段，如图7-67所示。

步骤35 选择第5个视频素材，拖曳其两端的控制条，将画面裁剪为镜头逐渐向猫砂推近并固定拍摄的位置，如图7-69所示。

图7-67

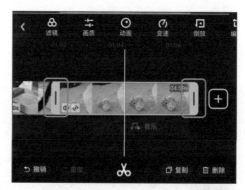

图7-69

步骤36 拖曳视频素材，将画面定位在镜头推近到最近时的位置，在该处剪切视频素材，如图7-70所示。

步骤37 将剪切后定位器右侧视频片段的饱和度设置为"-5.0"，变焦程度设置为"10.0"，并为其应用图7-71所示的变焦样式，点击"确定"按钮☑。

步骤34 将复制的视频片段的时长设置为3秒，并将其饱和度设置为"-5.0"，如图7-68所示。

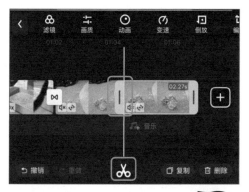

图7-70

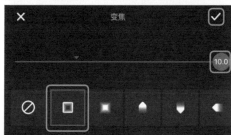

图7-71

➡ 活动3　添加字幕和贴纸

剪辑好短视频的内容后，小艾要为短视频添加字幕和贴纸，让短视频显得活泼有趣，具体操作如下。

微课：添加字幕和贴纸

步骤01　在未选择任何素材的情况下，点击工具栏中的"字幕"按钮 T ，然后点击"普通字幕"按钮 T 进入字幕编辑界面。在其中的文本框中输入图

7-72所示的字幕内容，点击"样式"选项卡，选择"快乐体"选项，然后依次将字幕的描边设置为"白色"，颜色设置为"金色"，点击 完成 按钮。

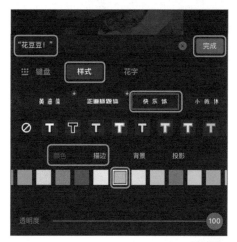

图7-72

步骤02　在字幕工具栏中点击"动效"按钮 ，将字幕的动效设置为"无"，点击"确定"按钮 ，如图7-73所示。

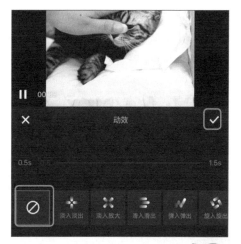

图7-73

步骤03　在时间轴上将字幕的播放时长设置为0.5秒，在画面中将字幕的位置、大小和角度设置为图7-74所示的效果。

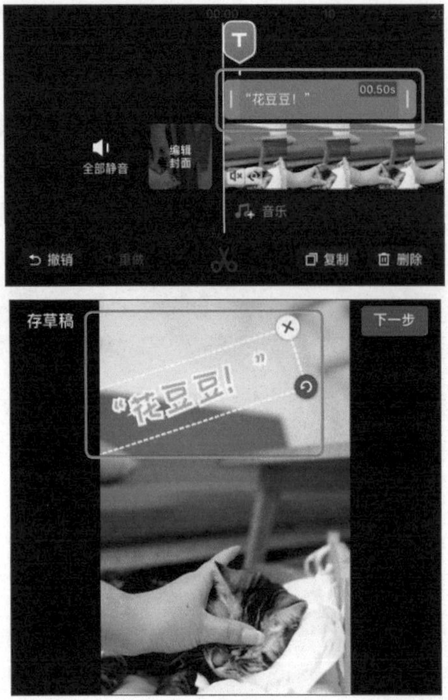

图7-74

步骤04 选择字幕素材，点击 复制 按钮复制字幕，通过修改内容、时间轴上的位置，以及画面上的位置、大小和角度，制出代表主人说话的字幕（配套资源：素材\项目七\字幕.txt），如图7-75所示。

图7-75

步骤05 按相同思路，在画面合适的位置添加代表小猫说话或心理活动的字幕，字体修改为“小薇体”，样式为黄底白字的花字效果，如图7-76所示。

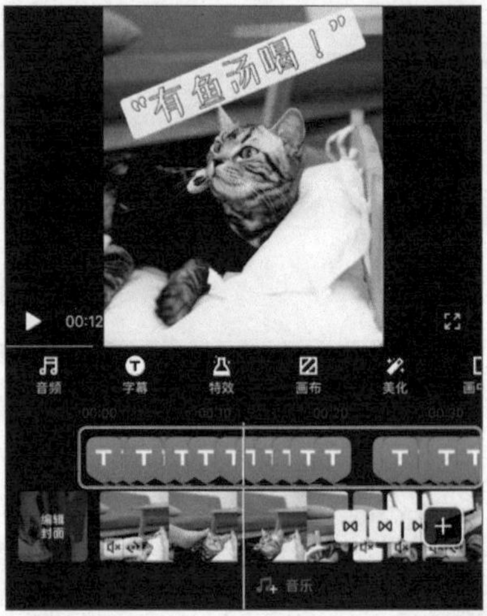

图7-76

步骤06 在第1个视频素材最后的视频片段上添加两个标题字幕，样式和位置等效果如图7-77所示。

图7-77

步骤07 在第5个视频素材最后的视频片段上添加结束字幕，样式和位置等效果如图7-78所示。

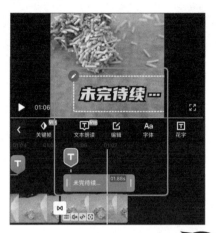

图7-78

步骤08 利用快剪辑App的贴纸功能在合适的位置添加贴纸（配套资源：素材\项目七\字幕.txt），如图7-79所示。

图7-79

素养提升小课堂

当前，养宠物的人越来越多，相关的问题也逐渐暴露出来，如遗弃宠物、不处理公共场所的宠物排泄物等，这些会影响社会和谐与发展。有素质的公民应具备责任心、公德心，让宠物感受温暖的同时文明饲养宠物。

➡ 活动4 添加背景音乐和音效

小艾接下来要为短视频添加背景音乐和音效，使短视频更加生动。其中背景音乐采用的是本地保存的音频文件，音效采用的是快剪辑App提供的素材。具体操作如下。

微课：添加背景音乐和音效

步骤01 将计算机上的"搞怪背景音乐.mp3"音频文件（配套资源：素材\项目七\搞怪背景音乐.mp3）通过QQ传输到手机上。在手机QQ中打开该文件，点击右上角的"更多"按钮•••，然后点击下方出现的"拷贝到'快剪辑'"按钮，如图7-80所示。

图7-80

步骤02 在不选择任何素材的情况下，依次点击工具栏中的"音频"按钮♫和"音乐"按钮🎵，在显示的界面中点击"本地音乐"选项卡，点击"微信/QQ导入"按钮，选择其中的"搞怪背景音乐"选项，点击 使用 按钮，如图7-81所示。

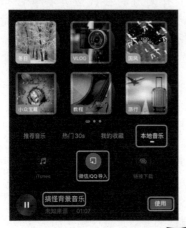

图7-81

步骤03 拖曳短视频到需要添加音效的位置，点击工具栏中的"返回"按钮<，依次点击"音频"按钮♫和"音效"按钮，在显示的界面中点击"搞笑"选项卡，在其中选择需要添加的音效，然后点击 使用 按钮，如图7-82所示。

图7-82

步骤04 使用相同方法为短视频添加其他音效，如图7-83所示。

图7-83

→ 活动5　导出并发布短视频

小艾预览了短视频后，决定将它导出并发布到哔哩哔哩平台上。具体操作如下。

微课：导出并发布短视频

步骤01 在快剪辑App中点击右上角的 下一步 按钮，进入发布设置界面。关闭"水印文案"的开关，在"快速定位"栏中可设置水印显示的位置，这里默认设置，点击右上角的 生成 按钮，如图7-84所示。

🖊 **经验之谈**

快剪辑App中部分功能右上角会显示"VIP"标志，表示需付费才能使用该功能。

图7-84

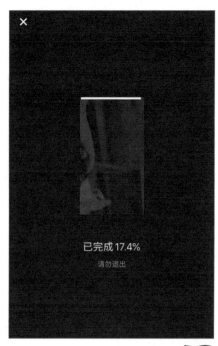

图7-86

步骤03 快剪辑App开始生成短视频并显示生成进度，如图7-86所示。

步骤02 在显示的界面中选择"高清720P"选项，如图7-85所示。

图7-85

步骤04 完成后在显示的界面中点击"B站"图标 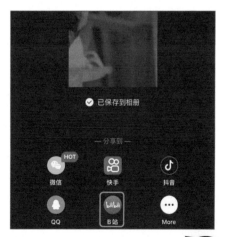，如图7-87所示（配套资源：效果\项目七\捣蛋小猫—快剪辑版.mp4）。

图7-87

步骤05 自动打开手机上的哔哩哔哩App（需提前安装哔哩哔哩App），并进入发布设置界面，对短视频的封面、标题、分区、类型、转载权限、标签等进行设置后，点击 发布 按钮，如图7-88所示。

步骤06 哔哩哔哩平台将对发布的短视频进行审核，通过后便会将该短视频正式发布到平台上供用户观看。审核提示界面如图7-89所示。

图7-88

图7-89

同步实训——制作"人类幼崽"短视频

将小孩子在日常生活中的各种行为拍摄下来，并通过后期剪辑制作成温馨、可爱、有趣或搞笑的短视频，可以吸引用户关注。本次实训要求制作"人类幼崽"的搞笑短视频，要求记录自己亲朋好友家中年龄在3～6岁的小孩子的各种言行和表情，后期利用快剪辑App制作成搞笑的短视频作品，并发布到哔哩哔哩平台上。

拍摄和制作时可以参考表7-2所示的"人类幼崽"短视频分镜头脚本，参考效果如图7-90所示。

表7-2 "人类幼崽"短视频分镜头脚本

分镜	景别	镜头	画面	时长/秒
1			黑屏白字,画外音"当人类幼崽讨人喜欢的时候……"	3
2	近景或特写	固定镜头	多画面展现小孩可爱的笑容或精致的五官、服饰等内容	5
3			黑屏白字,画外音"当人类幼崽讨人嫌的时候……"	3
4	中景或近景	固定镜头	多画面展示小孩哭闹、在地上打滚等内容	5
5			黑屏白字,画外音"当人类幼崽讨人喜欢的时候……"	3
6	中景或近景	固定镜头	多画面展示小孩写字、画画、唱歌、跳舞等内容	5
7			黑屏白字,画外音"当人类幼崽讨人嫌的时候……"	3
8	中景或近景	固定镜头	多画面展示小孩乱扔乱放、乱涂乱画等内容	5
9			黑屏白字,画外音"当人类幼崽讨人喜欢的时候……"	3
10	中景或近景	固定镜头	多画面展示小孩帮忙做各种家务的内容	5
11			黑屏白字,画外音"当人类幼崽讨人嫌的时候……"	3
12	中景或近景	固定镜头	多画面展示小孩吃饭不听话的内容	5
13			黑屏白字,画外音"这就是人类幼崽,让人爱又让人无奈"	3

短视频成片总时长:51秒

图7-90

项目小结

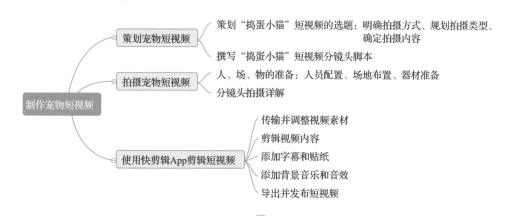

制作宠物短视频
- 策划宠物短视频
  - 策划"捣蛋小猫"短视频的选题:明确拍摄方式、规划拍摄类型、确定拍摄内容
  - 撰写"捣蛋小猫"短视频分镜头脚本
- 拍摄宠物短视频
  - 人、场、物的准备:人员配置、场地布置、器材准备
  - 分镜头拍摄详解
- 使用快剪辑App剪辑短视频
  - 传输并调整视频素材
  - 剪辑视频内容
  - 添加字幕和贴纸
  - 添加背景音乐和音效
  - 导出并发布短视频